WithEating

ΨΨ 03

CONTENTS
Umami 特集

U0258524

WithEating

出 版 人 ❋ 苏静
总 编 辑 ❋ 林江
艺术指导 ❋ 马仕睿

内容监制 ❋ 杨慧
编　辑 ❋ 陈晗　杨慧
　　　　　王境晰　蔡咏
特约记者 ❋ 思琦（东京）
特约摄影师 ❋ 张青（墨尔本）
　　　　　张力中（东京）
　　　　　PHYOO
特约插画师 ❋ biiig bear
策划编辑 ❋ 王菲菲　段明月
责任编辑 ❋ 赵娟
平面设计 ❋ 黄莹　吴言（typo_d）

Producer ❋ Johnny Su
Chief Editor ❋ Lin Jiang
Art Director ❋ Ma Shi Rui

Content Producer ❋
　Yang Hui
Editor ❋ Chen Han,
　Yang Hui,
　Wang Jing Xi,
　Cai Yong
Special Correspondent ❋
　Si Qi（Tokyo）

Special Photographer ❋
　Zhang Qing（Melbourne）,
　Zhang Li Zhong（Tokyo）,
　PHYOO
Special Illustrator ❋
　biiig bear
Acquisition Editor ❋
　Wang Fei Fei
　Duan Ming Yue
Responsible Editor ❋
　Zhao Juan
Graphic Design ❋
　Huang Ying（typo_d）
　Wu Yan（typo_d）

图书在版编目（CIP）数据

食帖 . 3 . 食鲜最高 / 林江主编 . — 北京：中信出版社，2015.5
ISBN 978-7-5086-5142-2

Ⅰ . 食… Ⅱ . 林… Ⅲ . 饮食—文化—世界 Ⅳ . TS971

中国版本图书馆 CIP 数据核字（2015）第 081781 号

食帖 . 3 . 食鲜最高

主　　编：林江
策划推广：中信出版社（China CITIC Press）
出版发行：中信出版集团股份有限公司
　　　　　（北京市朝阳区惠新东街甲 4 号富盛大厦 2 座　邮编　100029）
　　　　　（CITIC Publishing Group）
承 印 者：鸿博昊天科技有限公司

开　　本：787mm × 1092mm 1/16　插　　页：4
印　　张：9.5　　　　　　　　　　　字　　数：174 千字
版　　次：2015 年 5 月第 1 版
印　　次：2015 年 5 月第 1 次印刷
广告经营许可证：京朝工商广字第 8087 号
书　　号：ISBN 978-7-5086-5142-2/G · 1193
定　　价：39.00 元

受访人

撰稿人

早乙女哲哉

1946 年出生于日本栃木县；
1961 年成为东京上野天妇罗名店
"天庄"弟子；1975 年独立，
于东京日本桥茅场町开设"天妇
罗 MIKAWA"（天ぷら みかわ）；
2009 年，在东京江东区福住开设
"是山居"（みかわ 是山居）。
被誉为日本的"天妇罗之神"。

张雪威

早乙女哲哉弟子。生于沈阳，高中毕
业后到日本读书，第三年开始在"天
妇罗 MIKAWA"兼职，半工半读；大
学毕业一年后，重回早乙女门下，全
职辅助师父打理"是山居"。

Mirjam Letsch

荷兰美食作家、摄影师、人类学家、
Duniya 慈善基金主席，著有《Street
Food》系列丛书。

滨田统之

2007 年开始担任
星野集团虹夕诺雅度假酒店
Hotel Bleston Court 总厨师长。
2013 年代表日本参加世界
Bocuse d'Or 烹饪大赛
获得总成绩第三名，
其中鱼类料理竞赛单元第一名，
他在传统法式料理中融入
日式料理气质与感性，
为法式料理开创出新境界。

钟洁玲

笔名粒粒香，美食专栏作家，
代表著作《此味只应天上有》
《寻味广东·粤菜传奇》。

食家饭

本名俞沁园，上海人。
美食作家、美食评论家，
代表著作《半间灶披间》。

Marino D'Antonio

意大利人，
现居北京，
Opera Bombana 餐厅行政主厨。

Noel Fitzpatrick

松露猎人，居于澳大利亚堪培拉，
澳大利亚块菌种植协会副主席，
Truffle Harvest Australia 创始人。

Stéphane Laurens

法国人，现居北京，
FLO 餐厅主厨。

铃木民夫

日本东京"银座ふぐ 大友"主厨，
制作河豚料理五十余年。

王常玉

中国渔业协会河豚鱼分会副秘书长，
天正河豚创始人。

王成涛

天正河豚主厨。

黎小沛

广州人，
北京金融街丽思卡尔顿酒店
金阁中餐厅主厨，
拥有 25 年厨师经验，
曾在北京、上海、广州多家星级酒店
担任中餐厨师长，
港澳名厨会员，
曾获中国饭店业优秀行政总厨殊荣。

王玲

W3 王氏鱼子酱执行董事。

庄臣

著名美食家，饮食文化专栏作家，香
港亚洲电视台《广州美食地图》节目
主持人，代表著作《庄臣食单》。

李淼

知乎大 V，毕业于日本一桥大学，
长期从事投资、互联网行业，
日本文化深度关注者。

黄鹭

网名细腿大羽，独立摄影师，
新晋农妇。

吉井忍

日籍华语作家，曾在中国成都留学，
法国南部务农，
辗转台北、马尼拉、上海等地
任经济新闻编辑，
现旅居北京，专职写作。
著有《四季便当》《本格料理物语》
等日本文化相关作品。

张佳玮

自由撰稿人。
生于无锡，长居上海，曾游学法国，
出版多部小说集、随笔集、
艺术家传记等。

老波头

上海人，专栏作家，
江湖人称"猪油帮主"。
著有《不素心：肉食者的吃喝经》
《一味一世界——写给食物的颂歌》。

陈轶

自由摄影师，业余厨子，
生活在荷兰奈梅亨。

野孩子

高分子材料科学专业的美食爱好者，
"甜牙齿"品牌创始人。

王梓天

非典型射手座，生活关键词：
园艺、美食、摄影和写作。
以园艺为梦想，曾出版
《小阳台大园艺》
《FUN 心玩香草》等园艺类书籍。

特别鸣谢：

みかわ 是山居 / 天正河豚 / Opera Bombana / 北京丽思卡尔顿酒店 / 乌婉华（Joyce Wu）/ 北京斯普汇生蚝餐厅
/ FLO 餐厅 / Hotel Bleston Court / 株式会社 eggcellent

七人
话食鲜

蔡咏 / interview & edit

冰清

美食专栏作家，美国食品营养硕士，硅谷创业者

你认为最"鲜"的一种食材是什么？

鲜味来自游离氨基酸和核苷酸，凡是含有这类成分的食物尝起来都很鲜，比如笋、蘑菇、海鲜、肉等。但是我吃过的最鲜的，是一种只产于海里的植物——海竹笙，也叫海虫子。虽然它属于海藻类，但是煮汤非常鲜，只要小小一节，就可以煮一大锅汤，那汤尝起来像海鲜炖出来的一样，鲜得掉眉毛。

你觉得"鲜"与酸、甜、苦、咸四味有什么区别？

尝起来有鲜味的物质多半在结构上含羟基和酰基，它们会让鲜味在舌头上有相应的受体，使人有尝鲜的感觉。

酸多半是食物中含电离出的氢离子，有机酸如苹果酸、酒石酸等，都会尝起来有点酸的感觉。

甜是因为食物中含有两个羟基，并且两个基团的距离正好在某个长度范围内，这样的物质尝起来就是甜的。不一定只有糖是甜的，具备这样结构的物质，尝起来都是甜的，比如可以用于做炸药的乙二醇是甜的，氨基酸中的甘氨酸也是甜的。还有一些水果，含有某些物质，可以和舌头上的味蕾受体结合，产生奇妙的甜味，比如神秘果，其中产生甜味的并不是糖。有时候做菜放点糖，会让菜提鲜，这在上海菜里非常普遍。

苦味是人类保护自己的利器，一种食物，若尝起来是苦的，就很可能是有毒的。《甄嬛传》里不是有拿苦杏仁杀人的情节吗？不过也有例外，苦瓜虽苦，却对人体有益，科学家还在里面发现了抗癌成分呢。

咸是最基本的味道。菜做得好不好吃，会不会放盐是关键，不会用盐的人一定不是好厨师。盐可以让食物变得鲜美可口，如果能和鲜味食物配合，则能产生协同作用，由此可以得出，如果你放鸡精或者味精，那么盐的量大大减少，吃起来口味依然不打折扣。

推荐几个"食鲜"的好去处。

美国巴尔的摩码头附近的菲利普海鲜餐厅，盛产蓝螃蟹，在那里可以吃到鲜甜的蟹肉，还有蟹肉饼、蟹肉汤、蟹肉沙拉；旧金山渔人码头的水煮螃蟹和装在面包碗里的蛤蜊浓汤；新奥尔良密西西比河畔的卡真麻辣小龙虾、小龙虾烩饭、海鲜浓稀饭、海鲜什锦饭；西雅图派克市场的阿拉斯加雪蟹；波士顿昆西市场的新英格兰蛤蜊浓汤、曼哈顿红海鲜浓汤；厦门烧酒配的海鲜大排档、融汇状元楼的红鲟蒸饭；北京的玖食龙虾，十几种龙虾做法，把龙虾的各种烹饪方式表现得淋漓尽致；海南的鱼市场，鱼是很新鲜的，可惜当地厨师手艺不精，没能很好表现出鱼的鲜味。

老爷 Samuele

艺术总监

Miss Mi

Missmikitchen.com 回到厨房运动创始人

庄祖宜

哥伦比亚大学人类学硕士，三十岁出头决定转行学厨，代表著作《厨房里的人类学家》《其实大家都想做菜》

你认为最"鲜"的一种食材是什么？

所有腌渍发酵的食物都富含鲜味，如酱油、酸菜、火腿、咸鱼、虾酱、味噌、陈年干乳酪……但如果谈生鲜食材的话，我认为很少有什么比蛤蜊更鲜的，因为它同时含有鲜味元素（天然的谷氨酸钠）与恰到好处的海盐，是少数烹煮时可以完全不调味就好吃的食材。

你觉得"鲜"与酸、甜、苦、咸四味有什么区别？

造成鲜味的主要元素是谷氨酸钠，以人工形式呈现就是味精，你如果单吃味精就会知道，它不加盐、糖是吃不出什么味道的，然而只要与酸甜苦辣咸结合在一起，富含鲜味的食材就会让整体感觉更圆满、平衡、深远、回味无穷。是一种会直接冲向脑门的满足感，让人微微眩晕的满足感，有人将鲜称为"第五味"。反之，酸甜苦咸里欠缺了鲜，整体感觉就会比较呆板，少一味。很多人说，新鲜的食材以原味呈现就很鲜美，其实我不太赞同（除非是本身已结合咸与鲜的蛤蜊）。大多数食材都需要经过烹煮调味或腌渍烟熏等使之升华，否则鲜味显现不出来。

推荐几个"食鲜"的好去处。

什么餐厅和市场都有味鲜的食材，再不行就去酱园买腌菜和豆腐乳吧！倒是谈起西餐，很多国人吃不惯，多半是因为少了酱油和豆瓣酱的鲜。其实地中海系的料理运用了很多鲜味元素，如番茄、野菇、凤尾鱼（anchovies）、酸豆（capers）、帕玛森干酪（parmesan）等等，只要善用那些食材，地道西餐也可以很合中国胃。

你认为最"鲜"的一种食材是什么？

最"鲜"的一种食材我会说是昆布，中国人名为海带的一种食材。日本人池田菊苗博士早在1908年就研究"鲜"味的来源，更把"鲜"味定名为Umami（剑桥字典及Wikipedia中均有注解），根据1979年一份研究文章《The Umami Taste》，"鲜"味源自谷氨酸、鸟苷酸及肌苷酸，中国的冬菇、酱油都含有以上成分，而昆布每百克含2240毫克谷氨酸，绝对是一众食材之冠。

你觉得"鲜"与酸、甜、苦、咸四味有什么区别？

我觉得酸、甜、苦、辣、咸五味都是用来引发及提升"鲜"味的不同风味与层次的。

推荐几个"食鲜"的好去处。

我会推荐大阪的多古安，他们家卖的野生河豚，清香细腻的鲜味是养殖河豚无法企及的。其中又特别喜爱"莺嘴"，即河豚鱼唇，由于野生的关系，一尾至少6千克重，自然鱼唇丰厚肥美，入口像极鳖鱼裙边，鲜香黏稠而感觉缠绵。

你认为最"鲜"的一种食材是什么？

香菇。

你觉得"鲜"与酸、甜、苦、咸四味有什么区别？

我们喜欢甜味，是源于基因中对快速能量的偏好（所以长身体的小朋友们最爱吃糖）；喜欢咸味，是血压调节的本能需求；酸和苦曾经意味着食物中会有危险，所以并不是所有人都能品酸、能吃苦，年龄和阅历的增长能够帮人识得这两种滋味；鲜味总让人想起脂香（虽然完全没有气味），它能激发进食欲望和满足感，并放大酸甜苦咸的味觉效果。

从某种意义上讲，鲜味意味着蛋白质的摄入，可能是人体基于氨基酸苛求的结果，贪鲜之人多为"壮士"。肉鱼之鲜大家都习惯了，所以可以用植物中的鲜美来点缀菜肴。

推荐几个"食鲜"的好去处。

身在多伦多，自然要推荐闻名全加拿大的圣劳伦斯市场（St.Lawrence Market），这个已经经营了200多年的多伦多中心菜市场本身就是个名胜古迹，市场里有诸多百年老字号的菜铺，每到周六更是有安大略当地农夫市集汇集在此，世界各地的新鲜原材料在圣劳伦斯市场一年四季都可以找到。

张逗和张花

优酷原创视频作者，人气网络节目《老美你怎么看》创作者

你认为最"鲜"的一种食材是什么？

我们认为干贝是最鲜的食材，每次汤里加一些干贝都可以帮助调出鲜味。

你觉得"鲜"与酸、甜、苦、咸四味有什么区别？

鲜味的不同在于它没有酸甜苦咸那么有刺激性。

推荐几个"食鲜"的好去处。

推荐大家去尝尝看美国的蛤蜊浓汤（Clam Chowder）。说实话，只要食材新鲜，都会有自己的鲜味。美国几家连锁超市 Whole Foods、Costco 等里面的食材就都很新鲜。

楚惜刀

作家，代表作《魅生》系列

你认为最"鲜"的一种食材是什么？

吃天然饲料的散养土鸡。

你觉得"鲜"与酸、甜、苦、咸四味有什么区别？

鲜的滋味很提神、很上瘾，吃了还想吃，不会厌。

推荐几个"食鲜"的好去处。

浦东崂山路"丽江印象斑鱼府"切片如蝉翼的黑鱼片很赞；虹泉路"锦绣江山"的各种韩式海鲜锅和清蒸帝王蟹。

马腾

美国南方人，人气在线料理节目《宅男美食》创作者

你认为最"鲜"的一种食材是什么？

因为我是美国人，我对"鲜"的理解是对英文"Fresh"的认知。感觉最 Fresh 的食材是生菜。生菜配上牛油果和柠檬汁非常清爽。

你觉得"鲜"与酸、甜、苦、咸四味有什么区别？

Fresh 的东西是最原味的，偏淡。感觉疲劳时，吃鲜的东西可以让大脑清醒。

推荐几个"食鲜"的好去处。

让我感觉很 Fresh 的餐厅是三明治连锁店 Subway（赛百味），在那里什么时候都可以 Eat Fresh。

page 92 ⇨

筑地市场作为世界最大海产交易市场之一，有着丰富和新鲜的海洋食材，除了不得不说的金枪鱼，这儿金目鲷、海胆、鲣鱼、章鱼、北极贝、对虾、鲭鱼等海产也是琳琅满目。

FEATURES

Opening

鲜的复杂与高妙

▇提起"鲜"之一字，大家通常会想到"鱼羊为鲜"，此典故始于彭祖。传说彭祖有一小儿，喜爱去水边嬉戏。彭祖恐其危险，便禁止他去。谁知小儿照去不误，还捉了条鱼回家。孰料刚好迎面遇上彭祖，情急之下，小儿将鱼塞进了彭祖正在烹制的羊肉中，躲过一劫。开饭时，彭祖觉得今天的羊肉味道极美，不同寻常，吃到后面，才发现里面有条鱼。后来，彭祖的老家徐州便流传起一道名菜：羊方藏鱼。

▇传说归传说，《说文解字》却把"鲜"字定义为一种鱼的名称。最早字形是左鱼右羴，后来逐渐简略为左鱼右羊，意思也不再只是鱼。唐初的《尚书正义》注疏本中记载："《礼》有鲜鱼腊，以其新杀鲜净，故名为鲜，是鸟兽新杀曰鲜，鱼鳖新杀亦曰鲜也。"可见在古代，鲜也有"新鲜"之意。

▇"新鲜"只是鲜的一个层面，鲜更是一种味觉体验。我们使用"鲜"字数千年，却迟迟说不清"鲜味"到底为何，只知道它有别于明显可感的酸甜苦辣咸，是一种微妙而难描述的味道。中文尚且赋予它一个"鲜"字，英语里却遍寻不到一个完全对应的词，至多是"fresh"、"tasty"，最接近的是"Umami"，却是来自日语。日本人对鲜味的重视程度绝不亚于我们，不过他们也是到 20 世纪初，才给这味道命名为"うまみ"（Umami），并将其与甜咸酸苦四味一起，合称为"五味"。这里要注意，我们常说"酸甜苦辣咸"，以为这就是五味，但其实"辣"是一种刺激感，并非真实的"味道"（Basic Taste），日本人和西方人都将它与"涩"味并列，归于"味觉"（Taste）。所以，完整的五味是：酸、甜、苦、咸、鲜。

▇"Umami"的命名者是一位东京帝国大学的学者，他从海带中发现了鲜味成分谷氨酸钠，意识到那美妙又无法言说的风味，原来是这化学成分的功劳。后来他的学生从鲣鱼花中发现了肌苷酸钠；其后又有人从香菇中发现鸟苷酸钠。

酸甜咸苦皆可述，唯鲜一言难蔽，
这种复杂的暧昧，便是它的高妙所在。

陈晗、Satsuki/ text & edit

由此我们可以清晰地知道，鲜味主要来源于三种氨基酸：谷氨酸钠、肌苷酸钠、鸟苷酸钠。氨基酸类物质呈现的味道，明显区别于"咸＝盐＝氯化钠"，它是多种风味的复合体，是综合味感，这也就是鲜味难以形容的原因。

▦谷氨酸钠（MSG）：味精的主要成分，广泛存在于各类食物中。海带、豆类、鱼、肉中的含量相对较高。通常在发酵过程中，谷氨酸钠浓度会大幅增加，所以酱油、豆豉、鱼露等发酵调味品，具有明显的增鲜作用。

▦肌苷酸钠（Sodium Inosinate）：主要存在于鱼虾和肉类中。

▦鸟苷酸钠（Disodium 5′-Guanylate）：广泛存在于菌类，尤其是香菇中。但是只有经过烹饪或风干，其中的相关物质才会转化成鸟苷酸钠，所以干香菇比鲜香菇闻起来更香。

▦三种氨基酸是互相协同的，混合在一起鲜味加倍，所以料理时的食材搭配很重要，蘑菇炖鸡很鲜美，蘑菇炖青菜就不一定了。

▦至此，人类发现了食材自身鲜味的秘密，但我们最终尝到的，经过烹饪后的"鲜味"，却远不止于此。

▦存其真味，不是要存其"生"味。我们尝到的大多数"鲜"，其实是对真味的提炼与升华。这当中包含考究的烹饪工艺，节制的调味技巧和对食材的珍惜、忠诚与尊重。袁枚在《随园食单》里写："清鲜者，真味出而俗尘无之谓也；若徒贪淡薄，则不如饮水矣。"食材再清鲜，若被粗暴对待，也会变得淡薄。

▦由此看来，"鲜"不只是一种味道，也是对食材的不辜负，甚至是一种节制考究、细致用心的生活态度。酸甜咸苦皆可述，唯鲜一言难蔽，这种复杂的暧昧，便是它的高妙所在。

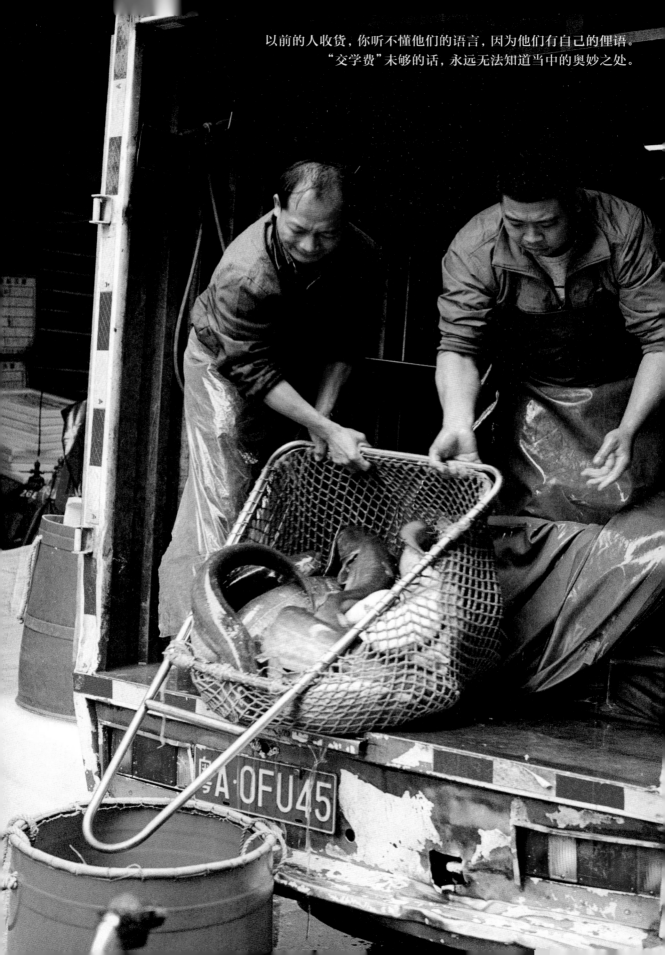

以前的人收货，你听不懂他们的语言，因为他们有自己的俚语。
"交学费"未够的话，永远无法知道当中的奥妙之处。

鲇鱼（Catfish），
全球广泛分布，最佳食用季节为农历二月至五月。

元贝

扇贝（Scallop）
挑选时应选择外壳颜色一致、有光泽、大小均匀，外壳紧闭的。
外壳张开且无法闭合的为死贝，不可食用。

帝王蟹（King Crab）
主要分布在南北半球的寒冷海域，属深海甲壳动物，体型巨大，肉质美味。

草鱼（Grass Carp）
中国淡水养殖的四大家鱼之一，原为中国特有鱼类，现已传播到世界各地。

FEATURES

Interview

专访 ……… 🍴 ✕ 庄臣

在鱼市场的美食修为

记广州黄沙水产市场

庄臣 / text
蔡咏 / interview
PYHOO/ photo courtesy

✳ 还记得那天我到黄沙水产市场买黄油蟹，一下子忘记了去年买的那一档在哪个正确位置，正当我在市场正门走进去的第一个十字路口左边的角落徘徊之间，被一个档主老板叫住，他吆喝说："我的黄油蟹最可靠！过来过来，我用灯照给你看！连'脚趾'都有黄油！"我下意识地回答："当然啦！不然怎么叫黄油蟹？"

PROFILE
庄臣
著名美食家，饮食文化专栏作家，香港亚洲电视台《广州美食地图》节目主持人，代表著作《庄臣食单》。

⭕ 黄沙市场的黄油蟹好多来自养蟹场，我在拍摄香港亚洲电视台的《品味珠三角》节目时，曾到过深圳的福永，那里的蟹农每年专门养黄油蟹售往香港，是香港店家们觉得较为放心的一个来源。粤语常说"西瓜共蟹，唔识莫买"（"西瓜和蟹，不懂别买"，意指不懂的食材不要乱买，尤其是西瓜和螃蟹)，并非连脚趾都是黄油的黄油蟹就是好蟹。重量在 5～6 两的最好吃，按不同的品质，可以把黄油蟹分为头手、二手和膏油三种。头手最高级，售价也最高，蟹黄已经渗透整个蟹盖和蟹爪的关节，只用灯光一照便知道龙与凤。次级的二手也不俗，不过关节未必有油，油香也欠奉，所以价钱也不会太贵。而膏油更次，凭肉眼就能分辨，蟹黄中分布了不少的红色硬膏，口感也相对粗糙。其实最差的黄油蟹品种是水油蟹，油量少、蟹肉削，不提也罢。

⭕ 每年夏季是黄油蟹的"黄金档期"，最能够保持它鲜味的吃法，非清蒸莫属。厨师在清蒸的时候最怕黄油溢出，又或者是蟹不听话，在热气中挣扎，激烈的还会弃蟹爪、蟹脚于不顾。虽然最后上桌时，蟹的分量不会减少，但"黄油"渗出，鲜味流走，就会掉价，食客的心情也会因此而打了一个折扣。要解决这个问题其实不难，有些人会先将蟹灌醉，使其不能有大动作，不过这味"醉蟹"

广州黄沙水产交易市场

◉ 简称"黄沙水产市场"。1994 年建立，是目前华南区最大的水产综合市场。地址：广州市黄沙大道西猪栏路 27 号。

大闸蟹
（Chinese Mitten Crab）

◉ 学名"中华绒螯蟹"，广泛分布于南北沿海各地湖泊，口感极鲜，有"鲜盖百味"之说。大闸蟹的食用时节为"九月团脐，十月尖"，即农历九月吃雌蟹，农历十月吃雄蟹。粤语常讲，"西瓜共蟹，唔识莫买"，意指不懂的食材不要乱买，尤其是西瓜和螃蟹。

不是人人都爱，也有人略嫌酒味掩盖了蟹的原味；而另一个更加简单有效的方法，是将其放入雪柜至"冬眠"。大厨动这么多的脑筋，其实都是为了服务它最后的一道艺术——清蒸。煮滚水之后将蟹蒸至刚熟，未打开锅盖，蟹的鲜味就已经在空气中弥漫，迫不及待冲进我们的嗅觉细胞了，令我们还没吃，就已经精神一振，十分兴奋。

○ 小时候吃到的蟹味，我至今记忆犹新，之所以有这样了不得的记忆力，是因为蒸蟹时挥发出来的香气，掰开蟹壳时那鲜黄色的"油腻"和吃进口中的质感与鲜味，现在只有在海边才能回味了。广州人喜欢用蒜头和红醋一起，蘸蟹食用，那时蘸蟹的蒜头，蒜味也比今天的浓郁。广州人创造的这种佐料搭配，可以令味觉处于一种冲突的口感状态下，将鲜的层次复杂化。

○ 鲜味的不同，与蒸制时对时间的把控有很大关系。时间不够会有腥气，时间过了肉质会老，鲜味也流走了，只剩下"残渣"，浪费了原材料。而原材料的处理方法也与时机有关，一上水就放入蒸笼当然是最好的，不过这种机会少之又少；在黄油蟹上水后两天内食用，口味还算过得去；再过一段时间就不要再提了，因为原味已经彻底流失。

○ 妈妈喜欢吃海鲜，跟她长期在珠三角演出粤剧有很大关系。广东的粤西，在戏班人的口中叫"下四府"，这些地方的演出任务最多，而这里靠近海边，新鲜的活鱼、虾蟹、蚝鲍贝类就出产丰盛。在当地的小渔港，只要是捕捞的季节，天天都能看到渔民的丰富渔获。"靠海吃海"是要看天吃饭的，渔民就学会将一些未吃完的海鲜用盐腌制了，在"休渔期"时食用。在那种交通和科技都不发达的年代，这是最佳的保鲜方法。渔民把海鲜用盐腌一天，制成"一夜埋"，一个不小心与"一夜情"同音，令人一听难忘。其实当地人通常把这项"发明"称为"一夜鲜"，干煎后配白粥，将咸鲜与清淡搭配，已成为一种传统的味道。十多年前我到阳江的闸波拍摄节目时，那里有一位店家用五花腩、油和水煮了一道"一夜鲜"，在烹煮过程中，水将一夜鲜的咸味降低，而花生油香和五花腩的脂香，又为原本单一的口感增加了胶质感，达到了一种和合的效果。最"盏鬼"（即"有趣"之意）的是他还加了些许胡椒粉，吃一口，救命啊！胡椒粉在这道菜中与各种食材相得益彰，它的辣味上升到一种鲜味的境界。

○ 最擅长烹鱼的顺德人，煮菜时很少用姜，喜欢用胡椒和陈皮提鲜。顺德菜是广府菜的基本味道之一，喜欢用豉油、糖来调味。前两天拍摄一款"群鲜荟萃"，顺德大厨先把蟹、蚝、江豚煎香至金黄，起锅之后加入蒜头、少许烧肉、白胡椒粉和陈皮粒煸炒出香气，放回煎香的"鲜物"，炒香下清水，焖至汁酱乳化，加点 XO 酱，又用这种香辣，把那种鲜味提了出来。

○ 真正喜欢煮菜的人会时常在各种大小街市走动，因为只有去到市场，才会知道什么叫食材。以前的人收货，你永远听不懂他们语言，因为他们有自己的俚语。这种俚语很多行业都有，比如青海的虫草批发市场，还有一些售卖菌类、肉类的批发市场，而海鲜市场尤其，有一些专业术语深奥难明，里头的学问，绝非你愿意问就可以得到的，"交学费"未够的话，永远无法知道当中的奥妙之处。

○ 在参加陈晓卿导演执导的央视纪录片《舌尖上的中国》拍摄时，我曾经提及："食材是粤菜的命根。"上等的食材，无须太多的作料去"画蛇添足"，只是简单的清蒸白灼，就能凭借其原汁原味的无限魅力，吸引食客流连忘返。这种烹调方式，往往令识食之人一口就能试出一家酒店的功力，尤其是海鲜酒店。

虾蛄（Mantis Shrimp）
◉ 又称"濑尿虾"、"皮皮虾"等，中国沿海均有分布，每年阳历四月至六月肉质最为饱满。

◉ 黄沙水产市场是"全天候交易"的市场，每天24
小时昼夜不息。进场交易的车次每天可达上千辆。

食帖▷为何会特意挑选黄油蟹作为本次"食鲜"主题的
主角？

庄臣▷因为蟹的味道个性很鲜明，黄油蟹又多了一种蟹
油的香味，会让整个蟹的鲜度更加饱满。由于它具有季
节限制，赏味期限很短暂，能吃到正宗黄油蟹十分不易，
所以值得分享。

食帖▷尝遍天下美食，但仍根植在记忆深处的鲜味菜品
是什么？

庄臣▷小时候妈妈带我去吃的顺德淡水鱼火锅。

食帖▷对您来说，"鲜"与普通五味的区别是？

庄臣▷"鲜"在味蕾上是一种综合的体会，酸甜苦辣咸与
"鲜"比较相对清晰明了。鲜味要借助咸味和甜味辅助。
能够在含有蛋白质、氨基酸等元素的食材中品尝出鲜味
的人是幸福的。

食帖▷平时喜欢去哪些地方买海鲜、食海鲜？

庄臣▷一般会抓紧时机，尤其是工作中的空闲时间。如
果在各地拍摄节目，一定不会放过当地的海鲜。即捞即
食的海鲜总是最美味的。

专访 ……… ⊗ ✕ 钟洁玲

寻味一德路

广州人与海味干货的不解之缘

蔡咏 / interview & text
PYHOO / photo coutesy

✻ 将食物制成干货是一种古老的食物保存法。古时，由于保鲜条件有限，人们常常将河海鲜、肉类和蔬果晒干或风干，以便保存。食物经过脱水不仅能够抑制细菌滋生，同时还能促进酵素（酶）的作用，使风味分子互相反应，产生出与鲜货截然不同的味道。这样的例子很多，比如在干燥的过程中，香菇含有的核糖核酸会大量转化成能让人感受到鲜味的鸟苷酸，所以干香菇常比鲜香菇更鲜美浓郁。✻ 这种制作和食用干货海味求鲜的习惯，常见于中国沿海地区和东南亚地区，大大小小的干货海味市场应便运而生。而其中最有名的，莫过于广州的一德路了。在这条位于广州老城区，只有 1150 米的路上，有 9 座海味干货市场，约 2000 家商户，在顶峰时期曾占全国干货市场 70% 的份额，辐射整个东南亚市场。虽然近年来海味干货市场行情不好，但一德路仍占着 50% 的市场份额。✻ 一德路能成为著名的海味街，与广州人的饮食习惯是分不开的。"广州人吃海味吃得很细致，鲜有鲜的吃法，干有干的美味。"

PROFILE
钟洁玲
笔名粒粒香，美食专栏作家，代表著作《此味只应天上有》《寻味广东·粤菜传奇》。

⑩ 一德路位于广州老城区，只有 1150 米，分布着
9 座海味干货市场，约 2000 家商户。

食帖▷广州的一德路是如何成为著名的海味干货一条街的？有哪些历史缘由？

钟洁玲▷一德路卖海味已经有 90 年历史了。珠江穿过广州城，珠江三角洲一带的渔民和农民，便用船装着各种渔农产品，沿江入城贩卖。于是在珠江南岸、北岸，形成各种集市，如卖海鲜、卖河鲜、卖米、卖鱼、卖谷、卖咸杂、卖水果、卖咸鱼、卖海味干货等。原先的海味街在一德路附近的北京南路太平沙内，后来慢慢移了过来。一德路原来在珠江边上，如今分隔一德路与珠江的这段路，是填江填出来的。最初运海味干货来这里卖的，是以打鱼为生的疍家（即水上人家），他们船上的干货是从南海运来的，到这里登岸贩卖。卖着卖着就成行成市了。

食帖▷曾看新闻说，如今一德路的名贵海味干货销量已不如往昔，鲍鱼、海参、花胶的价格更是大跌。

钟洁玲▷我猜是如今的人有吃新鲜水产的条件，便不爱在家里用干货做菜了，太麻烦了。

食帖▷在您心目中，一德路除了是买卖干货的地方，还有没有其他意义？

钟洁玲▷它是一个凭吊广州历史的地方。这条路最让人惊奇的是，走着走着店铺会忽然断开，闹市之中豁出一个大口来，那就是石室（石室圣心大教堂），中国最大的哥特式教堂。第二次鸦片战争时，这块地曾是清政府的两广总督府，后被英法联军攻占用以修建教堂，便是如今的石室。石室前面那堵布满弹坑的城墙，1920 年拆除了，空出来的路就是今天的一德路。

食帖▷广州地处南方，临江近海，气候温和，新鲜食材资源很充足，为什么广州人仍会有食用海味干货的习惯？

钟洁玲▷广州人吃海味吃得很细致，鲜有鲜的吃法，干有干的美味，在烹调上也完全不同。它们各有千秋，互不可替代，缺哪个都有遗憾。

◉ 第二次鸦片战争时，这块地曾是清政府的两广总督府，后被英法联军攻占用以修建教堂，便是如今的石室。石室前面那堵布满弹坑的城墙，1920 年拆除了，空出来的路就是今天的一德路。

食帖▷普通广州人最爱的干货有哪些？

钟洁玲▷广州人最爱买的干货是用来炖汤煲汤的花胶、瑶柱、明目鱼、章鱼、鱿鱼、墨鱼、北菇、花菇、沙虫干、虾干、海螺干、蚝豉、淡菜、木耳，还有现在不倡导的发菜、膨鱼鳃以及美容的雪蛤等。

食帖▷海味干货在鲜味的王国里扮演着怎样的角色？广州人日常是如何利用海味干货对食物进行提鲜的？

钟洁玲▷瑶柱、章鱼、墨鱼、蚝豉、淡菜，适合放在汤里当第一配角，起一个提味的作用。夏天煲莲藕汤会加入章鱼，煲玉米红萝卜马蹄汤会加入瑶柱，煲西洋菜汤会加入淡菜和蚝豉，煲木瓜汤会加入墨鱼……一煲汤里可以没有火腿，却不能少了海味干货。如果用君臣佐使来形容一煲汤的用料角色，海味干货是不可或缺的佐使，它相当于味素，有了它，汤里不用放味精，少了它，整煲汤就无法提升。

◎ 蚝豉，也称"蛎干"，牡蛎（也称蚝）肉的干制品。
从前过年大菜里面，一定少不了一个发菜蚝豉，这
个菜的谐音暗喻"发财好事"。

◎ 最初运海味干货来这里卖的，是以打鱼为生的
疍家，他们船上的干货是从南海运来的，到这里登
岸贩卖。卖着卖着就成行成市了。

◎ 银鱼干。银鱼俗称
面丈鱼、冰鱼，主要生
长在淡水湖，身条细
小，呈半透明银白色，
肉质细嫩，味道鲜美，
通常用来煮汤或蒸菜。

◎ 虾干是广州人最爱买，
也最家常的干货之一。

食帖▷粤菜中有哪些以海味干货作为主角的菜品？

钟洁玲▷炖花胶汤、雪蛤汤时，干货花胶、雪蛤便是主角。尤其秋冬季节，女人用它们炖汤、煲汤，功效多多，美容养颜。当年的汪精卫，活到五六十岁年纪，依然面如冠玉，不见虚浮及皱纹，据说就是吃花胶吃出来的。汪精卫平生嗜吃两样东西：一是花胶，一是白兰地酒。人家都怕花胶黏腻胀滞，他却敢一次吃一碗，边吃边喝白兰地，说白兰地正好帮助消化。

食帖▷临近过年时，到一德路买干货的顾客总会增加不少。过年过节与食用海味干货有哪些联系吗？

钟洁玲▷从前过年大菜里面，一定少不了一个发菜蚝豉，这个菜的谐音暗喻"发财好事"。现在明令不得吃发菜了，大家便用其他替代。很多年菜里面有鲍鱼、花胶、瑶柱和冬菇，像鲍汁瑶柱扒生菜胆，就是一个很受欢迎的节庆菜。讲究一点的人家，可以做一个鲍甫烩花胶。

食帖▷对于挑选日常生活常用的鲜味干货，如江瑶柱（干贝）、虾米、香菇之类，您有什么建议？

钟洁玲▷挑江瑶柱、虾米，有条件的，挑些干身的、大只的。香菇，我喜欢挑那种小小的花菇仔，干品只有一枚象棋大小，菇顶有花纹，产于粤北，性价比很高。别看它小，水发再蒸鸡，香味浓郁且非常滑嫩，吃多少都似不够。

食帖▷对于挑选较为名贵的海味干货食材，如花胶、鲍鱼等，您有什么建议？

钟洁玲▷花胶在粤菜里，往往被叫作"广肚"。有些人望文生义，以为是"广东产的鱼肚"，其实不然。广肚是总称，只要体型大的鱼肚，都叫"广肚"。市面售价质优广肚要600元一斤，稍次一点的，一百多元也能买到。广肚有雌雄之分，其中，雄肚形如马鞍，略带淡红色，长圆直纹，肚身结实，浸发后厚达3.8厘米，色泽雪白，质软爽滑，不易煮烂；雌肚圆而平展，质薄，煲汤易溶化。酒家为了顾全卖相和口感，多用雄肚；雌肚价格相对便宜，适合家庭炖汤。

食帖▷请介绍一道干货烹制的鲜味菜品。

钟洁玲▷我做得最多的是莲藕煲章鱼。材料：莲藕一斤左右、猪腱肉半斤、蜜枣三四粒、干货章鱼两只。做法：章鱼提前两小时浸水发好；猪腱如非新鲜，要洗净，焯水，再放入汤里；莲藕要挑粗壮稍老的，要整条煲。煲好汤再把莲藕捞出来切块，这样的莲藕更粉更绵。猪腱煲汤油少，且煲过汤的猪腱肉还是比较好吃的，不粗不韧。这煲汤全靠章鱼吊味，章鱼的味道相当突出，幸好它与莲藕是一对配搭，有了章鱼味，整煲汤之鲜美得到提升。莲藕与猪腱捞起切好之后，可以做成一个很不错的菜。这样汤、菜都有了。

● 广州人吃海味吃得很细致，鲜有鲜的吃法，干有干的美味，在烹调上也完全不同。它们各有千秋，互不可替代，缺哪个都有遗憾。

专访 ········· ✕ 早乙女哲哉

两千万个天妇罗里的江户前风情

专访天妇罗职人早乙女哲哉

陈晗、思琦 / interview
陈晗 / text & edit
张力中 / photo courtesy

✳北大路鲁山人说过："用菜刀切鱼片，下刀的那一条线，能让料理活，也能让料理死。有风情的人切，就会切出有风情的刀线；庸俗之人切的话，只能留下粗俗不堪的刀线。"✳准确利落地剔骨、切片，轻盈地挂面糊、入油锅，细致拨弄，旁人正看得入迷，炸好的天妇罗已被捞出，落于油纸之上。轻咬入口，面皮松脆热烫，鱼肉鲜甜多汁，香而不腻。 早乙女哲哉说自己是"炸了半个多世纪天妇罗的人"，时间磨砺过的一招一式，风情自现。

PROFILE

早乙女哲哉
1946 年出生于日本栃木县；1961 年成为东京上野天妇罗名店"天庄"弟子；1975 年独立，于东京日本桥茅场町开设"天妇罗 MIKAWA"（天ぷら みかわ）；2009 年，在东京江东区福住开设"是山居"（みかわ 是山居）。被誉为日本的"天妇罗之神"。

● 早乙女哲哉亲自为我们制作的天妇罗。有日本车虾、虾头、银鱼、沙钻鱼、芦笋。与荞麦面、寿司并称为"江户三味"的天妇罗，绝非简单的炸物。它用面衣锁住食材的水分，用温度调动出食材的鲜美，再用表里截然不同的独特口感刺激你的味蕾。

○下午两点，店里的午休时间。我们走进是山居时，早乙女正抽着烟。店内的摆设皆为他的个人收藏，大到一面墙的壁画，小到一碗一箸，多出自名家之手。他邀我们上三楼茶室坐坐，那里有更多的私藏古物，是他游走画廊或展览时收来的，也有在旅行中偶觅的。

○"来我这里，怎么能不吃东西就走？"早乙女亲自下厨炸了一些天妇罗。炸虾的时候，一般天妇罗店的油温是180℃，早乙女则用200℃。裹上"衣"[1]的虾，在油中炸23秒即捞出。此时面皮滚烫，虾肉却只有45℃左右，正是最能让人尝出"鲜味"的温度。要做到这些，从"衣"的调配比例，到裹上虾身的厚度，再到炸制的温度和时间，每一步都得经过精密计算和精确把控。

○"每次制作天妇罗时我都会想，现在这种做法，是不是最好的。不停地确认，不停地将新数据存入脑海，不停地改进。'技术已经很好了，不用想那么多。'这种想法绝对不能有。"时至今日，早乙女已炸过大约两千万个天妇罗，技术已臻化境。即使这样，他依然说："我下次炸的天妇罗，应该比这次更好吃。"

○作为日本料理界公认的"天妇罗之神"，早乙女自述自己

年轻时，其实十分怕生且敏感。刚入行时，每次站在客人面前，手和腿就抖个不停。他尝试跑到车站练胆子，守在站台出口，直勾勾盯着迎面走来的陌生乘客，一站就是一天。可回到店里面对客人，还是抖。"我躲进厕所，不知道该怎么办。忽然，我认识到一个无法逃避的现实：自己就是个胆小的人。大概没有几个少年愿意承认自己胆小，但挣扎过后，我直面并接受了它。"却也正是这颗敏感细腻的心，令他能发现料理过程中，每一个别人不易察觉的细微瑕疵。他说这不是上了年纪才有的特质，而是天性。

○早乙女私下颇爱收藏和旅行。他来过中国35次，循着"丝绸之路"一路游览，沿途收一些中意的物件带回去。从是山居角落摆满的艺术品，便能窥得一斑。他还爱交友，友人中多半是职人与艺术家，因他对做一流东西的人兴趣尤深。他恪守"江户前"[2]的料理之道，以至鲜食材，呈至真美味；他崇尚"江户前"的职人做派，无论前一秒如何，站到料理台前便调息凝神，以数十年心得，换一个无人能及的天妇罗。

○然而面对公众和媒体，他却总对艺术嗜好淡淡略过，轻松调侃着弹子房、女人，然后一根接一根地抽着烟。

● 早乙女的收藏。这些是二十多年前来中国旅行带回的文房器玩。

1 衣：天妇罗表面的面皮被称作"衣"，内部食材被称作"种"。
2 江户前：该词诞生于日本江户时代，原指江户城（现东京市）前的渔业海域（现东京湾），后被延伸为以江户前海域打捞的海鲜制作的料理，十分讲究食材鲜度；有时也特指江户城的职人作风。

◆ × 早乙女哲哉

食帖▷您 15 岁开始修习天妇罗技艺，为何是天妇罗，而非其他料理？

早乙女哲哉（以下简称"早乙女"）▷其实我最初想学习做寿司，为了学做寿司才去了东京。到东京后，介绍人带我去面试，天妇罗店的面试安排在寿司店之前。天妇罗店面试结束后，介绍人极力劝我："天妇罗店不是很好吗？就留在这儿吧。"当时我 15 岁，隐约觉得其中有些暗箱操作，预感到寿司店的面试去不了，就留了下来。但当时的梦想，其实是成为寿司职人。

即使现在，我每年还是会吃大约 200 次寿司。比如小野二郎[3] 的寿司。近三十年来，寿司差不多吃了 7000 次吧，多半都是小野先生做的（笑）。

◉ 是山居常用的天妇罗素材：银鱼、沙钻鱼、墨鱼、海鳗、贝柱、日本车虾、河豚白子。

食帖▷虽有悖原意，但您如今成了最顶尖的天妇罗料理人。

早乙女▷有人说料理这件事，做多了，熟练了，自然就会好。其实不尽然。如果只是想把一件事做得还不错，多加练习肯定可以。但如果想做出不输给世界上任何人的、顶级的东西，就需要科学理论支持，和不断地总结反思，单靠次数叠加是不够的。不只料理人，所有制作一流东西的人，本质上都和数学家、科学家有共通之处，感性之余，也要讲求科学。

客人来我这里吃饭，不只是吃一顿饭，而是来品味美食，感受料理的魅力。我的使命就是，在最有限的时间里，倾尽毕生所知所感，竭尽全力将最棒的料理提供给他们。超一流的料理人，你应该能从他的料理中看到他的哲学、美学、情怀。

食帖▷您 29 岁在东京日本桥开了第一家店"天妇罗 MIKAWA"，随后在八丁堀和六本木也开了店。2009 年，您又在江东区福住町开了这家"是山居"，作为您的"最终章"。但和前几家店的选址相比，这次的地点明显远离繁华市区中心。

早乙女▷我出生的地方，是日本古代的三河国，"三河"在日语里的发音是"mikawa"[4]。祖上开了一家"三河屋"，专做河鱼料理，经营了 250 多年。到我父辈这里，不做了。但我却想把家族的料理精神延续下去，所以给自己的天妇罗店命名为"みかわ"（MIKAWA）。"是山居"这家店，是三家天妇罗店里，对我来说最特别的一间，名字自然也要特别。建这家店的茶室时，我请陶艺家浅野阳老师来命名，他想到了"是山居"，说是日本最早的财阀三井家，为自家山庄茶室起的名字。结果，这里的茶室落成一周后，浅野老师离世，"是山居"这个名字，我就收下了，并且拜托染色家芹泽铚介[5] 老师做成招牌。

食帖▷您 15 岁开始学习制作天妇罗，至今已做了半个多世纪。这么多年来，对天妇罗的理解有没有发生过变化？

早乙女▷好像没什么变化。不过，"天妇罗"到底是什么？"炸"到底是一种什么过程？大家都知道给食材挂上"衣"，放进油锅里炸，表面会变脆，但为什么变脆了？这些事是一点一点想明白的。

比如"衣"会变脆，是因为脱水。"衣"是空气、水、面粉混合而成的，而"炸"，就是在帮助"衣"脱水，水

---

3 小野二郎：日本的"寿司之神"。1965 年，在银座开设寿司店"数寄屋桥次郎"（すきやばし次郎）。

4 mikawa：是山居菜单上，印有"美川"二字，是取"三河"（mikawa）的谐音，寓意此地料理，如细美河流般自然流淌。

5 芹泽铚介：（1895～1984），静冈县人，日本国宝级染色艺术家。

分带走食材的生味，剩下空气和面粉。没有水分的"衣"会迅速升温到200～210℃，此时的状态就接近于"烤"了。"衣"脱水的过程也各有不同，根据时间、温度、混合方法，都会变化。把这些因素追根究底，理性分析，最终就能完全看清楚，"衣"在油中到底发生着什么。

但内部食材自身也有水分，在"衣"的包裹下，不易脱水，也不易升温，大多数食材会维持在100～120℃，就像在密闭空间里进行着"蒸"。于是我想明白了，"炸"天妇罗，其实是在同时进行"烤"与"蒸"。

食帖▷ 对天妇罗不太细究的人，可能会觉得这类炸物，都是在破坏食材本身的鲜美。但您炸制的天妇罗，却完好地保留甚至可说是加深了食材的鲜味。这里面有没有什么因素是非常关键的？

早乙女▷ 水分。鱼啊、蔬菜啊，在生长和鲜活的时候所含的水分，与我们食用它们时需要品味到的水分，是不一样的。所以，在烹调中，控制好食材所含水分的比例，直接决定着它的味道。水分控制得好，吃起来就会鲜美。我在制作天妇罗时，大脑一直在计算着每个变量，你吃起来会觉得"真鲜美啊"是必然的，因为是计算好的。只有把每一步、每个因素都分析透彻，才能在炸天妇罗时，除掉食材的生味，保留其"鲜味"；没想清楚就去炸，就容易炸掉食材的"鲜味"。

也有人说，食材本身足够好，自然就会"鲜"。真是这样吗？拿画家来说，最棒的画具和模特都备齐，不同的画家来画，作品还是有好有劣。一流的材料和道具固然重要，但这只是创作好作品的第一步，技艺也只是其一，细致深入的思考与反复怀疑，才是让旁人一直无法超越的关键。我不会什么料理都做，只在天妇罗这一条路上，只在一个小细节上，反复思考琢磨。至少做天妇罗这件事，我自信不输任何人。这是我身为一个男人的人生态度。为什么一个男人要这么拼？还不是为了受女人欢迎嘛（笑）。

食帖▷ 您多次说自己是全日本最"弱"的人，这个"弱"怎样理解比较好？

早乙女▷ 胆小。你要是遇见比我更胆小的，就把他带过来跟我比。但在做料理时，这种胆小也带来了细心。不管多细小的瑕疵，我都会发现，然后竭力填补改进。这不是上了年纪才有的特质，而是天性。单看外表，可能谁都不相信我如此胆小。我不能让客人看到一个颤抖不止的自己啊。所以这么多年来，一直在努力掩饰心中的软弱和胆小。男人不就该这样吗？

食帖▷ 您在 NHK 纪录片《专业的作风》中说："料理这件事很适合日本人。"为什么这样说？

早乙女▷ 因为日本人特有的纤细与感性吧。不会停滞在某个层面就满足了，而是一直追问，哪里还能更好一点。而且，不喜欢把功夫表露得很明显。让人一眼就看出来下了多少功夫，是丢人的事。会默默地、巧妙地在看不见的地方花心思，被看出来了反而不好意思，这是日本人的特性。

⑩ 采访结束后，早乙女才开始吃午饭。清粥小菜，十分简单。但不必说，食材和食器，都是百里挑一。

● 早乙女哲哉（右）和弟子张雪威（左）。

× 张雪威

对话巨匠弟子：如此是山居

食帖▷你何时进入的 MIKAWA？对料理的兴趣是从什么时候开始的？

张雪威（以下简称"张"）**▷**高中毕业去了日本，先读语言学校，然后进入专门学校，之后读的大学。读专门学校时，是来日本的第三年，有天无意中在招聘杂志上看到了 MIKAWA（茅场町店）在招工，就去试试，结果就被录用了，一直从专门学校时期做到大学毕业，六年。毕业后在一家日本公司工作了一年后，又辞职回到师父身边，就这么一直做到现在，已经十一年了。

我从小就喜欢做饭，初中时家里开饭店。那时家人忙，没时间给我做饭，好在我初中高中都离家非常近，中午就经常回家给自己做点饭吃，炒个鸡蛋什么的。可能也因为馋，从小就喜欢研究吃。

PROFILE

张雪威

早乙女哲哉弟子。生于沈阳，高中毕业后到日本读书，第三年开始在 "天妇罗 MIKAWA" 兼职，半工半读；大学毕业一年后，重回早乙女门下，全职辅助师父打理 "是山居"。

食帖▷为什么离开之前的公司，回到是山居？

张▷一开始只把料理当爱好，没想过真的把它变成工作。大学临近毕业时，和很多留学生一样，开始参加求职活动，想当个普通上班族。和大学一位老师聊天时，他对我说："既然你这么喜欢料理，就不要轻易丢弃。"于是我去了一家居酒屋连锁公司。之前几年在各种料理店中打工积累的经验，令我对居酒屋的工作得心应手，三个月成为料理长，然后成为店长。但随着在连锁居酒屋愈久，愈发感到这种料理方式，和我追求的料理有很大差异。我的终极梦想是开一个好餐厅，如果在这儿做下去，料理技艺不仅得不到提升，反会退化。

正好那时，师父告诉我是山居刚开张，正缺人。我就立刻辞职，来这里上班了。师父上年纪了，店里也已没有其他前辈，他身边就是我。我每天很早来店里，完成处理食材之类的繁杂工作，等师父来时，都已准备就绪。但那段时间，师父却遇到了职业生涯的第一个低谷。

食帖▷ 能否说一些细节？

张▷ 是山居开张前，师父主要是在 MIKAWA 的第一家店——茅场町店做天妇罗，那家店现在由他儿子接管。师父离开茅场町店，到别处开了是山居这件事，几乎毫无宣传。因为师父当年开第一家 MIKAWA 时，也没宣传什么，一开门，好口碑就自己会传播，客人不请自来。但时代不同了。是山居地点比较隐蔽，人均两万日元的高级料理店，开在居民区里。刚开业那段时间，店里基本没生意，有时一整天，厨房里就师父和我两个人。同时老店生意也受到影响，因为师父走了。

但师父始终坚信，一定会好起来。因为他对自己的天妇罗，有百分之二百的信心。在其他店都开始丰富料理种类，迎合时代的各种需求时，师父还是一心做天妇罗，精益求精。即使只来一个客人，也要给他最好的天妇罗。

我觉得这样下去不行，就帮是山居做了个主页，上面还做了个"在线预约"，又跟师傅谈了很多宣传的必要性，生意才逐渐好了一些。可好景不长，发生了东北大地震，我们又被击回谷底——半个月内生意为零。半个月后，突然有一些媒体来采访。有些老顾客看到媒体报道，才知道师父没隐退。随后客人越来越多，直到今天，再没遇到低谷。能撑过那些低谷，一是靠师父的信念，二是靠料理实力。很棒的宣传或许能令你一时起死回生，但想一直走下去，最终还是靠料理本身。

● 每种食材，所挂面糊厚度都不相同，要根据食材的特性、体积、炸制的时间、温度等多重因素，综合判断。若无上千万数据在心，很难把握得恰到好处。

● 炸制时间与温度的控制，也是依食材而异。

食帖▷ 早乙女老师是否是个很严苛的师父？在是山居有过沮丧受挫的时刻吗？

张▷ 是山居在各个细节上的要求，都远高于普通料理店。比如处理鱼时，下刀要格外讲究整体平衡。剔骨时肉会分两边，如果左右两侧肉的厚度不太一样，就会影响炸制时的平衡，以及最终的美感。

沮丧时刻肯定有。比如之前在 MIKAWA 的六年，其实是洗了六年碗。当然有过想放弃的念头，但第二天醒来，我就告诉自己这些磨炼是必须经受的。在 MIKAWA 洗碗并不容易，一是因为客流量大；二是所有餐具都是艺术品，必须洗得细心、放得妥当。况且在 MIKAWA，即使是洗碗，也能极大地开阔视野，提高料理理论基础，师父还经常分享他对美学的见解。这里让我学到的东西，是其他地方给不了的。

食帖▷ 是山居作为料理店的同时，也像一间艺术品展馆。你怎么理解师父对艺术的热爱与料理的关系？

张▷ 师父不仅热衷收藏，也非常喜欢和艺术家接触。不论创作什么，本质上有些理论和精神是共通的。当师父遇到瓶颈，不知如何克服的时候，就去观察在其他领域成功的艺术家们，看看他们遇到瓶颈时如何处理。在和受人敬仰的艺术家们交流的过程中，能收获许多启发，而这些启发也会一点点渗透进师父的料理之中。在他的影响下，我也学会了多观察、多借鉴，当自己受到挫折时，也会借更优秀者的经验疏导自己。

❶张雪威演示沙钻鱼剔骨。鱼已去头、去鳞、去鳍。首先，鱼背向外，刀呈 45° 角切入鱼的中骨，先切到鱼腹位置。

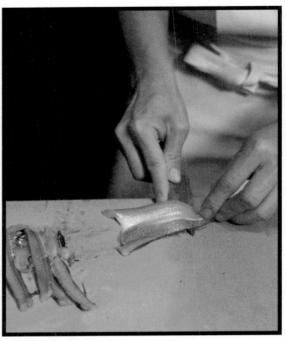

❷接着，一直切到尾部。鱼肉分两半，剔除中骨。

❸取其中一半，开始剔除胸骨及黑膜。

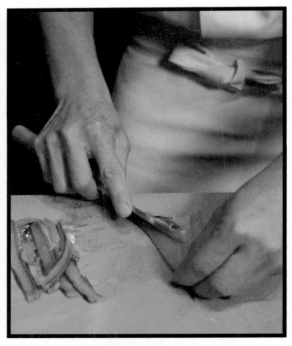

❹取另一半，同样剔除残留胸骨及黑膜。剔骨完毕。

食帖▷ 在你看来，日语中的"旨味"，可以被理解成中文里的"鲜味"吗？

张▷ 日语中的"旨味"，我觉得，是指那些经过料理后的食物散发的"鲜味"。这种"鲜味"很难定义。之前有个日本学者，发现"鲜味"食材普遍富含谷氨酸钠，但"鲜味"在更多时候，还是一种比较主观的感受。日本人很少对未经料理的原始食材，使用"旨味"一词。即使生鱼片，也是被加工过的，比如切或用醋腌渍。正是这些料理手段，进一步提炼出它们的鲜。日本的"出汁"也是"旨味"的代表，在日本谁都不能否认，海带与鲣鱼片中的风味就是鲜。

国内的"鲜"，可以说和日语的"旨味"非常相似，而且定义更加暧昧。虽然日本和国内提到"鲜"，马上都会想到水产海产，但你看超市里的鸡精包装袋上，也印个"鲜"字。在国内我们煲鸡汤，有时也夸一句："好鲜啊。"这说明我们对"鲜"的感受，并不局限于海鲜类、禽畜、蔬菜都有，只是根据料理方式而异。另外，国内不同菜系、不同地域对鲜的理解也不一样，比如潮汕菜的"鲜"，和江浙菜的"鲜"，就肯定有差别。

◉ 早乙女的天妇罗不仅炸得鲜美，造型美感也绝不疏忽。

食帖▷ 去过是山居的朋友很多都会说，得到满足的绝不仅是味觉。

张▷ 好的餐厅就该是这样吧。如果只是为了吃顿好的，自己去市场买最好的食材，回家好好做，也能不错。但去餐厅追求的就不应该只是好吃了。服务、环境，短短一小时或两小时的用餐时间内给予客人的体验，都是一个餐厅的价值所在。

◉ 师徒二人，每天都这样在料理台前默契配合，一门心思做着最好的天妇罗。看似周而复始，其实每一秒钟都有新收获、新乐趣。"我觉得，我在做的就是世上最好的工作。"张雪威说。

专访 ⋯⋯⋯ 🍽 ✕ 铃木民夫　王常玉　王成涛

三人谈河豚，
为何称其为白身鱼之至鲜？

王境晰、胡维伟 / interview
王境晰 / text & photo courtesy

✳ 鱼羊同烹，良人来食，古已有之，合为"鲜"矣。一个"鲜"字颇为隐晦，不具"辣"之窜鼻之感，不附"酸"之干涩之味。常与人说起鲜味，不知如何开口，好似一经发觉，便只可意会，不可言传。万物静默如谜，鲜食之道，恰是如此。✳ 早闻长江地区摇曳"四鲜"：河豚、鲴鱼、刀鱼、鲥鱼。众口皆传，鲜美无比。烟花三月，草长鱼肥，"四鲜"之首河豚，在此时更是肉质极鲜、营养极富。然而作为自幼偏爱腌渍卤煮的北方人，吃到鲜鱼实属难得，自然更难想象南方传说"拼死吃河豚"的盛况，也愧于从未食过河豚。✳ 汪曾祺在《人间滋味》中提到："河豚很好吃，江南谚云'拼死吃河豚'，豁出命去，也要吃，可见其味美。我在江阴读书两年，竟未吃过河豚，至今引为憾事。"

PROFILE

铃木民夫 | Suzuki Tamio
日本东京"銀座ふぐ大友"主厨，制作河豚料理五十余年。

王常玉
中国渔业协会河豚鱼分会副秘书长，天正河豚创始人。

王成涛
天正河豚主厨。

河豚刺身

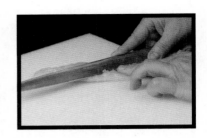

⑧ 铃木民夫

⊗ 河豚，也叫"鲀"，古称"鳆鱼"，因出现于江中，并外形似豚，而得名"河豚"。河豚的历史可追溯至《山海经·北山经》，书中记载，四千多年前的大禹时代，长江下游沿岸的人们就食用河豚，而且知晓"食之杀人"。战国时期，河豚被推崇为极品美味，据说吴王在品尝过河豚后，对其洁白如乳、丰腴鲜美、入口即化的感觉，不知该如何形容，因联想起美女西施，遂起名"西施乳"，并在坊间传开。至宋代，河豚之风更胜，苏轼一句"食河豚而百无味"即对河豚美味的极致赞颂。[1]

⊗ 河豚虽毒，日本美食家们却总是津津乐道。北大路鲁山人在《料理王国》中大谈河豚："河豚的美味与明石鲷、海参或是鹅肝一类，都远不可相提并论。"而对于饕餮之徒来讲，剧毒与美味，欲罢不能。以东京为例，现今河豚仍在味界君临天下，河豚料理专卖店也在不断增加。

⊗ 如今河豚已成为日本国宴菜肴的代表作，大体一鱼两吃，即鱼片和鱼汤。鱼片洁白，疏而不散，滑嫩爽口，需要随后跟上味碟：日本食油和日本芥辣。鱼片会比鱼汤早上席一段时间。因河豚味淡，固吃刺身的时候不宜饮烈性酒，最佳是饮用日本清酒。河豚富含胶原蛋白，科学地食用河豚，不仅是一种至鲜之享，对健康亦大有裨益。

⊗ 恰逢初春，我借河豚为由探访了两位正宗的河豚师父，一探这鲜物的究竟。一位是日本从业河豚 50 年的花甲老人，一位是北京天正河豚的料理主厨。一老一少，聊论起河豚，也是娓娓而谈，难掩偏爱。

食帖 ▷ 您还记得第一次接触河豚是什么时候吗？

铃木民夫（以下简称"铃木"）▷ 第一次吃到河豚是 16 岁的时候，在东京新宿浜源一家名叫"ふぐ源"的店（现在已经没有了），去店里拜师学习宰杀河豚。一盘十二片的河豚刺身 800 日元，这个价格很高了，有钱人才能去吃。师父现在已经去世，一辈子都在做河豚，非常严厉，如果做不好就会打人。

食帖 ▷ 跟随师父学习了多久？

铃木 ▷ 直到考取了"河豚厨师资格证"。做河豚厨师，必须具备这个证书。需要先在料理店进行至少 2 年的修行，才能参加考试，没有料理店提供的修行证明，是不能参加河豚厨师资格考试的。因为河豚体内有毒素，所以师父特别重视厨具清洁。我从很小就被教导，在厨房不管做什么，都要时时刻刻保持干净整齐，做饭如做人。

食帖 ▷ 还记得第一次吃河豚的感受吗？

铃木 ▷ 第一次吃就觉得非常美味，不能用语言形容，尤其是精巢（也称鱼白）部分，吃了还想吃。当时店里有一件很有意思的事情，因为是河豚专门店，所以每天都从下关地区进七十多条 2 公斤左右的河豚，有时候老板就会请我们吃，待我们拿去厨房处理干净之后，老板问："精巢有吗？"大家回答："精巢都没有。"其实是因为精巢实在太美味，被我们在厨房偷偷吃掉了。

食帖 ▷ 日本人是从什么时候开始食用河豚的？

铃木 ▷ 过去没有专门的河豚料理店，日本大分县的人都是自己从河里钓河豚，之后拿回家料理食用。东京、关

1 资料来源《中国河豚食用历史考述》。

西是明令禁止食用河豚的，九州没有相关规定，百姓想吃河豚就自己去钓。大家知道河豚有毒，吃野生河豚的时候，如果麻痹感已经蔓延到鼻子以上，就不能再吃了，再吃就有生命危险。若麻痹感在鼻子以下，很多人还会继续吃，因为实在难抵美味，就有"死了都要吃河豚"的想法。河豚允许公开销售是在 20 世纪初，最早的店在下关。

食帖▷ 因为下关地区盛产河豚的原因吗？

铃木▷ 是的。关门海峡盛产河豚且肉质鲜美，自古就非常有名，最昂贵的河豚也是来自下关地区。很多渔夫在日本其他海域打捞出来的河豚也会拿到下关市场去拍卖，说是从关门海峡刚刚捕获的，就可以卖个好价钱。拍卖之后分销商再把自己拍下来的鱼贩卖到其他地区，比如东京的筑地市场。

食帖▷ 关东和关西的河豚有什么区别吗？

铃木▷ 味道上没有明显的区别，因为是白肉，味道比较清淡，而且关东和关西都有很不错的河豚料理店，所以河豚的质量是不相上下的。关西会把河豚火锅说成"枪"火锅（てっちり）、河豚刺身说成"枪"刺身（てっさ），中枪的人会死，这么说的意思是谁都逃不过河豚的美味。关东和关西明显的区别在河豚切法上，关东切法是沿着鱼皮和鱼肚的黑白分界线上下分开，关西切法是沿着鱼皮中线左右分开，其实只是传统手法的区别而已。

食帖▷ 听说关西的河豚会较关东的昂贵一些？

铃木▷ 因为原来关东多是家传老屋，没有房租，而关西的店铺房租贵，所以有了关东的河豚店比较平民，关西比

较高级的说法，其实就河豚来讲，价格都是差不多的。

食帖▷ 河豚的酱汁上有什么讲究？

铃木▷ 最传统的吃法是搭配酸橙汁（ポン酢）来吃。做法是将青橙剥皮，橙肉背阴晾晒几日，压榨出汁，与酱油混合，加入昆布和鲣鱼干，酿上半年左右。过程很费工夫，但是这种酱料最能衬托出河豚的鲜味。日本的高级河豚料理店都会特制自己的酸橙汁，可以看到各种储存罐上贴着制作年份，通常是从酿制最久的一罐开始食用。现在因为成本太高，东京只有少数几家店还保留着自酿酱汁的传统。

食帖▷在日本，河豚通常有哪些吃法？

铃木▷基本都是很传统的吃法：生鱼片（お刺身）、火锅（ふぐちり）、粥（おじや・雑炊）。河豚生鱼片是最讲究的一道料理，需要切得极薄，河豚肉质紧致，切厚了口感会像嚼橡胶。河豚火锅通常是用昆布和鲣鱼吊出的高汤水煮，有名的料理店会特意选用陶制锅子，多年使用的陶锅，内壁会渗进河豚的鲜味。吃完河豚火锅的汤底，放些蔬菜进去，再倒入熟米饭和生鸡蛋，做成粥食用。除了这些传统吃法，还有炸（ふぐ唐揚）、烤（焼きふぐ）等。

食帖▷为了最大程度保留河豚的鲜味，料理中要注意些什么？

铃木▷料理河豚生鱼片的时候，把河豚肉体的水分都吸掉是关键。不做吸水处理的河豚肉缝隙里会有水分，这样就不能切到最薄，吃上去口感很水，摆起来也会有些粘塌。一般会在料理的前一天，用特质的布巾包裹住鱼身吸水，至少 5 个小时。而且这样做鱼肉中的谷氨酸钠才会释放出来，更加鲜美。

● 河豚白子刺身

● 河豚鱼鳍酒

× 王常玉　王成涛

食帖▷您认为河豚为何被称为"极鲜"？

王成涛▷日本人吃鱼分白身鱼和赤身鱼。赤身鱼的鱼肉比较松软多脂，如三文鱼、金枪鱼；而白身鱼的鱼肉相对紧实，如河豚、鲷鱼。白身鱼入口清淡，但是鲜和甜存在于后味，越嚼越鲜甜。这里所说的鲜味，是不受"脂肪香气"干扰的一种鲜，河豚肉几乎零脂肪，它的鲜味完全来源于肉质本身，有长时间的回味感。

食帖▷河豚的鲜来源于哪些方面？

王常玉▷食物的鲜味源于自然界中的 20 种氨基酸，河豚目前能测出的体内氨基酸有 18 种，鲜味氨基酸含量为 7.05%，其中谷氨酸和缬氨酸的含量是淡水鱼中最高的，鲜味就自然而然了。

食帖▷为了避免鲜味的流失，料理河豚需要哪些技巧？

王成涛▷河豚的皮跟肉中间有一层黏膜，杀鱼时不能将它碰破，否则会有水流进去，味道会受影响；在料理顺序上，也有固定讲究。河豚刺身晶莹剔透，通常作为头菜上桌，意为"淡中取鲜"。接着是炸鱼骨，有肉汁锁在其中，酥滑带香。然后是鱼火锅，所有食材用清水煮，还原本味。最后一道，是用涮鱼骨的水做出来的鱼汤，也可做成鱼粥，这碗汤集合了河豚料理过程中的所有鲜味，慢慢达到高潮，最后鲜到极致了。

食帖▷河豚是从什么时候开始被食用？

王常玉▷日本规定合法食用河豚是在 20 世纪初，《马关条约》签署时，李鸿章和伊藤博文在"春帆楼"吃的就是河豚，正式宣布开放食用河豚的也是伊藤博文。但是最早食用河豚的是在中国江阴一带，那时民间有很多吃法，像绝活一样。但是野生河豚中毒事故屡屡出现，1982 年开始明确规定禁止食用河豚，从那时起，河豚在中国就断代了。

食帖▷后来又如何开始兴起吃河豚的呢？

王常玉▷20 世纪末，中国人看到河豚在日本风靡，又开始讨论河豚是否可食用的问题。1993 年成立科研小组，专门研究河豚的品种、可食用性和经济价值，慢慢地，河豚就又被引入中国，但是由于国内河豚技术空白，大部分河豚店只能参考日本技艺，做日式吃法。

食帖▷从前关于河豚中毒的事故屡屡出现，如今是如何确保河豚食用安全的？

王常玉▷河豚的种类比较多，目前发现的有将近 200 种，常见的有 40 种，日本规定可食用的是 22 种，这 22 种里分为皮可食用和皮不可食用，而 22 种以外的很多河豚是全身带毒的。这些鱼的外观都很相似，如果没有经过专业培训很难区分清楚，所以民间经常发生中毒事故。现在的可食用河豚全部是人工养殖的，因为发现了毒素产生的原因，所以通过技术可以达到控毒。第一是遗传，目前可食用河豚是经过三代驯化，毒性减弱，第四代可食用。第二是菌类附寄，通过改变它的食物链和进行剪牙，避免贝类在体内聚集成河豚毒素。

河豚主厨私房菜谱：红烧红鳍东方鲀

食材 ▸▸▸▸ 河豚净料一尾 ✿葱段 ✿姜 ✿大料 ✿蚝油 ✿生抽 ✿老抽 ✿糖

做法 ▸▸▸▸ ❶ 锅放少量底油，爆香葱、姜、大料。❷ 将河豚放入锅中，略煎。❸ 加入适量开水（没过鱼为好），盖上锅盖中火炖煮约 10 分钟。❹ 加入蚝油、生抽、老抽、糖，再炖煮 5 分钟。❺ 开大火，慢慢收汁至浓稠取出。❻ 装盘，撒上葱花即可。

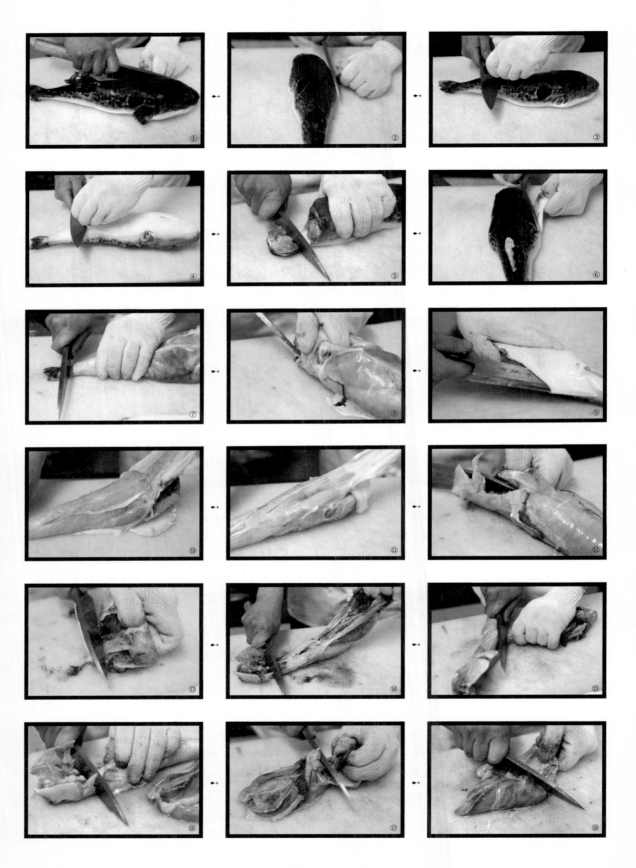

河豚分解法：关东二十一刀

由于河豚的特殊性，分解河豚便成了最谨慎规矩的料理手法，相传的关东二十一刀分解法沿用至今，刀刀干脆、分明。

① 沿胸鳍根紧贴鱼体，自上向下切除左侧胸鳍。
② 切除右侧胸鳍。
③ 从后侧沿背鳍根紧贴鱼体切除背鳍。
④ 鱼体腹部向上，从后向前紧贴鱼体切除臀鳍。
⑤ 于鼻孔与眼之间处切下，切至五分之二处，外掰见舌，沿舌下侧将口切下。
⑥ 从鳃处将鱼皮切开。
⑦ 切除鱼尾鳍。
⑧ 用刀尖取出左右眼球。
⑨ 刀刃向上，沿背、腹分界线从头部向尾部将皮切割。
⑩ 分离背皮与尾部连接处，用刀压住鱼尾向头部方向拉皮，使背皮与鱼体脱离。
⑪ 于腹部 2/3 处剥下腹皮。
⑫ 沿鳃盖骨切分出鳃。
⑬ 切断鳃弓，使鳃、舌与内脏相连，分割内脏与肌肉连接部分。
⑭ 用刀压住头部，抓住鱼鳃向后上方拉，使内脏及黏膜同时分离鱼体至肛门处。
⑮ 分割与肌肉连接处。
⑯ 分割头与躯干。
⑰ 分割出舌，清除黏膜。
⑱ 去除心脏、肾脏以及残留黏膜。
⑲ 分割其他各部分内脏。
⑳ 分开头骨。
㉑ 取出不可食用的鱼脑。
㉒ 可食用部分：背皮、腹皮、鱼体、口、精巢、背鳍、腹鳍、胸鳍。
㉓ 不可食用部分：胃、肾脏、肠、肝脏、脾脏、心脏、胆、卵巢、眼球、鳃、脑。

㉒

㉓

  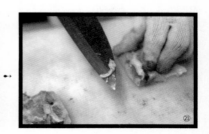

⑲　⑳　㉑

专访 ········· 👄 ✕ Mirjam Letsch

欧洲人的越南鱼露之行

专访荷兰美食作家 Mirjam Letsch

蔡咏 / interview & text

Mirjam Letsch / photo courtesy

✳ 鱼露，越南话称"Nuoc Mam"，是东南亚菜最重要的调味品，正如酱油在中国人和日本人心中的地位。鱼露咸中带鲜，鲜味来自于自身富含的氨基酸、核苷酸和多肽等有机物。✳ 随着越南菜、泰国菜走出亚洲，日渐在欧洲国家流行，更多的欧洲人由此尝到了鱼露的鲜美。荷兰人 Mirjam Letsch 就是一个东南亚菜系的忠实粉丝。为了给她的美食系列书籍《Street Food》寻找素材，Mirjam 背着相机骑行越南，找寻各种当地特色食材，并向当地人学习地道越南菜的做法。过程中，为了探究鱼露的生产，Mirjam 来到了越南东南部沿海的美奈（Mui Ne），这个小渔村以绵长的海岸线和鱼露生产出名。

PROFILE

Mirjam Letsch

荷兰美食作家、摄影师、人类学家、Duniya 慈善基金主席。著有《Street Food》系列丛书。

Facebook & Instagram: @streetfoodworld

Website: www.streetfood-world.com

© Mirjam Letsch
⊕ 越南美奈渔村，位于著名的鱼露产地潘切地区。

⊛ 美奈渔村位于越南东南部，距离潘切市约20千米，潘切地区是越南重要的捕鱼区，也是最有名的鱼露产地。

⊛ 美奈的市集和渔港位于美奈北部海湾，沿岸停靠上百艘渔船。渔港旁有一个小型水上市集，可以买到烤鱼、蒸蟹、煮贝类等一些海鲜熟食，游人可即买即食。沿海岸行走，会看到渔夫们正在挑拣刚刚捕捞上来的鱼获。海岸遍布盛满鳀鱼的篮子和桶，在太阳底下晾晒发酵。最大的桶能容纳超过300公斤的鳀鱼，每桶能生产约150升的鱼露。

⊛ 据当地渔民介绍，如今有些鱼露公司为了提高产量，会使用添加剂，加速鱼体化解，缩短发酵时间。而鱼露的传统制法，从捕捞到制作完成、装瓶贴标签，要花上9个月到1年的时间。

⊛ 鱼露的制作包含两种原料：鱼和盐。制鱼露的鱼有好几种，例如鳀鱼、鲭鱼、比目鱼等。

⊛ 以鳀鱼举例，新鲜鳀鱼捕捞回来，清洗处理之后，加盐放入大桶腌渍发酵。鱼盐比例大约4:1。这些腌渍的鱼需要每日搅拌。大约6个月后，鱼在酶的作用下分解成鱼汁和鱼渣。表层清澈的琥珀色汁液会被过滤出来，成为鱼露原汁，沉淀的鱼渣则成为猪的饲料。过滤后的鱼露原汁，会放入大瓮中，阳光暴晒约两个星期，进一步蒸馏提纯。之后转移到陶器中，静置至少两个星期稳定风味，然后就可以装瓶贴标签了。

食帖▷为什么会想去越南骑行寻找美食?

Mirjam Letsch(以下简称"Mirjam")▷那次去越南是为了给我《Street Food》系列丛书的越南特辑做准备:尝尝越南的街头小吃,搜集资料和拍摄照片。由于荷兰人都特别喜欢骑自行车,所以我也一直想来一次自行车上的旅行。骑行能更深入地探索大街小巷,会碰到有趣的当地人,和许多意想不到的美食。

食帖▷对越南街头小吃的总体印象如何?

Mirjam▷简单概括的话,是丰富、美味、干净和新鲜。当地人可以用极少、极简单的厨具做出好吃的食物。坐在路边的小塑料凳上吃街头小吃,看着街上人来人往,比在餐厅吃饭有趣多了。

食帖▷有哪些喜欢的越南街头小吃?

Mirjam▷当地人喜欢在食物上撒一些新鲜香料,我太爱它们了。我还喜欢吃越南的汤粉(phở),每天早饭都吃这个。

食帖▷美奈渔村比较偏僻,是怎么想到要去那里的?

Mirjam▷我爱东南亚料理,鱼露是它们最重要的调味品,所以一直想去看看鱼露到底是怎样生产出来的。在网上查到美奈是非常有名的鱼露产地,就与同伴骑着自行车去了。美奈有着非常壮观的海景,海岸线很漂亮。

食帖▷第一次尝到鱼露是什么样的感受?

Mirjam▷第一感觉是很咸,但回味时会有一股很特别的鱼鲜味。

食帖▷鱼露在当地人的生活中扮演着怎样的角色?

Mirjam▷对于美奈当地人来说,鱼露生产是一项家庭产业,是整个家庭收入的主要来源。每个家庭都有各自的鱼露制作秘方。

食帖▷去越南旅行之前,有尝试过用鱼露做菜吗?

Mirjam▷在欧洲经常吃越南菜,也会自己做,通常我会比朋友们放更少的鱼露,做得清淡一些。

食帖▷是否听说过"鲜味"(Umami)这个味觉概念?

Mirjam▷有听说过这个概念。在西方人的认知里,晒干的番茄、干香菇、陈年奶酪或是发酵过的大豆,都属于鲜味浓郁的食材。这些也是我经常使用的鲜味食材。

食帖▷分享一道用鱼露制作的私房菜。

Mirjam▷烤海鲈鱼越南春卷配菠萝鱼露汁,我在荷兰的家中经常做。鱼露的风味与菠萝的清甜相得益彰,鲜美十足。

Mirjam 私房菜谱:烤海鲈鱼越南春卷配菠萝鱼露汁

食材 ▶▶▶ [腌料部分] ✦大蒜1瓣,切碎 ✦红辣椒1个切碎 ✦生姜50g,切碎 ✦小茴香4小把 ✦白糖1茶匙 ✦柠檬汁4茶匙 ✦鱼露2茶匙 ✦柠檬草1~2枝,剁碎。[春卷部分] ✦海鲈鱼1条,去鳞洗净 ✦越南春卷米纸10张 ✦粉丝100g,煮熟 ✦胡萝卜200g,切丝 ✦菠萝半个,削皮去芯、切丝 ✦黄瓜1根,切小条 ✦西葫芦1根,切丝 ✦小茴香1把,撕碎。[菠萝鱼露蘸酱部分] ✦新鲜菠萝250g,打成泥 ✦鱼露2茶匙 ✦柠檬汁1茶匙 ✦红辣椒1个,切碎。

做法 ▶▶▶▶ ❶ 预热烧烤炉。❷ 往腌料中加4汤勺水拌匀,加鱼露,试味。❸ 海鲈鱼表面划几刀,放入柠檬草、腌料,充分按摩鱼身,腌30分钟。❹ 将腌好的海鲈鱼烤10分钟,放凉。❺ 将蘸酱所有材料混合,加4汤勺水,按各自口味加入辣椒。❻ 将米纸摊在案板上,用手沾水轻拍米纸使其湿润(切勿用太多水)。❼ 海鲈鱼去骨,切少许鱼肉,与粉丝同放在米纸中间,将米纸对折。❽ 放入少许胡萝卜丝、黄瓜丝、西葫芦丝、菠萝丝、小茴香,把米纸卷起。❾ 按相同方法制作剩下的春卷,完成后搭配菠萝鱼露蘸酱同食。

© Mirjam Letsch
● 除了鳀鱼，鲭鱼、比目鱼等也常用来做鱼露原料。

© Mirjam Letsch
● 新鲜捕捞的鳀鱼，需要初步晾晒，蒸发海水，然后入桶发酵。

专访 ········· ⊗ ✕ 王玲

鱼子酱：
来自卡斯皮海的馈赠

王境晰 / interview & text

王玲 / photo courtesy

> "我们看到还在说法语、吃黑海鱼子酱、华舞笙歌不绝的上流贵族宴会，
> 走入战争风雨马上要席卷过来的广大旧俄国农村土地。"
> —— 列夫·托尔斯泰

✳ 所谓鱼子酱，其实就是鲟鱼卵，原料取自卡斯皮海和黑海水域的雌性鲟鱼，特别是指白鲟鱼，加以腌渍，便是这般欧罗巴人餐桌上的珍馐。得天独厚的贵气，令它成为用"国王的赎金"才能买来的和璧隋珠，也成为文豪托尔斯泰、巴尔扎克、屠格涅夫笔下不遗余力描写贵族华筵的宠儿。鱼子酱最早被波斯贵族们所擘幸，后辗转至希腊的宴会，被人广泛知悉则是源于俄国沙皇对其的情有独钟。✳ 一匙入口之时，用舌尖和上颚碾碎一颗饱满冰镇的鱼子，紧接着从中爆涌而出的浆汁，只得用"鲜"来形容。绝不是肚腹饱足之感，而是丰满汁水与味蕾的交融，若是掺杂繁复浓重的配料，就妨碍了如此珍贵的美馔。而看似与鱼子酱身份般配的金银汤匙，却是不可以用来食鱼子酱的，因为金属气味会严重破坏它天然的香醇，一般是以水晶盘配以贝壳、象牙、珍珠或木头制作的汤匙，不是故意造作，而是生怕更改涓滴滋味。既往鱼子酱总是与香槟、伏特加相配以飨欧洲宴客，而今已然越来越多走进亚洲食客的餐桌，日本用味淋、鲣节鲜味酱油、香柚和七味辣粉调制配清酒，中国则附于黄鱼、鲥鱼上配白酒，可谓鲜上之鲜。

PROFILE
王玲 | @Tereza 王玲
W3 王氏鱼子酱执行董事。

● 鱼子酱的文化从无到有有六七百年历史，16世纪欧洲人便开始消费这种食材。

食帖▷ 相较其他珍贵食材，鱼子酱有什么独特之处？

王玲▷ 鱼子酱虽然与鹅肝、松露等都归珍稀食材，但我个人更偏爱鱼子酱多些。与其他食材相比，鱼子酱显得更为亲切，因为它无论与谁搭配都可以互相加分，可阳春白雪也可市井地气，是珍稀食材里最不娇气、不做作的。而除了口味鲜美醇厚，鱼子酱之所以名贵，也在于培育一条鲟鱼艰辛而漫长的过程。从一条幼鱼到鱼体成熟至产卵，平均要10年以上，然则像大白鲟，一年中的收获量通常还不到100条，而且要超过60岁的鲟鱼的卵才可以制成鱼子酱。

食帖▷ 请简单介绍一下它的制作过程。

王玲▷ 制作鱼子酱的时间非常短暂，15分钟内必须完成12道工续，否则会影响鱼子酱的品质与口感。捕捉到鲟鱼之后不能将鱼杀死，只能使其昏迷后一粒粒取出鱼卵，迅速筛滤、清洗、沥干，再根据鱼卵的大小、颜色、柔软度、香味和口感，来决定添加多少盐进行腌制，然后徒手搅拌2～4分钟，最后用手提起筛网摇晃，让水分消失，再行装瓶，冷藏至零下3℃。

食帖▷ 鱼子酱的"鲜味"体现在哪些方面？

王玲▷ 鱼子酱的鲜味是绵长的，这种绵长来自于深海，你的舌尖与上颚触到鱼子酱时感受到的爆破感，兼有艳阳海草、和煦海风混合而成的"腥鲜"气息，那是一种能调动人所有感官参与的独特味道。这种美味的涌爆与香槟的气泡相得益彰，好像跳舞一样，此时的鱼子酱就很鲜活。

食帖▷ 简要谈谈人们食用鱼子酱的历史。

王玲▷ 鱼子酱文化从无到有有六七百年历史。16世纪欧洲人便开始消费这种食材——至今欧洲仍然是主要消费区，但直到后来被带到美国才流行开来，中国港台大概是2007年有了对鱼子酱进行描述的影视作品，到了大陆的餐桌上大概是2009年。当我认真地去接触到鱼子酱时，真的是被它的历史惊讶到了，这个天才的存在居然已超过2000年了。亚里士多德在公元前4世纪，就已经为它记下了一笔，此后从莎士比亚到梁实秋，很多名人都曾记述过这一食材。

● 地域和生长环境不同，出产的鱼子酱也会不同，好的鱼子酱一定不是很咸，入口爆破有力，看起来颗颗浑圆，饱满透亮，越好的鱼子酱越泛着金色的光，油润金黄。

食帖▷ 鱼子酱有哪些品种和分类？

王玲▷ 随着现在专注吃喝的人越来越多，大家对鱼子酱的了解也越来越细致，其实不是所有种类的鱼卵都可以被称为鱼子酱，只有鲟鱼鱼卵可以被称为鱼子酱。俄语里，高级别的鱼子酱被称作 Malossol，即"少盐"，盐分低于 5% 的鱼子酱才能贴上 Malossol 的标签。俄罗斯、伊朗和罗马尼亚等地区出产的 24 种鲟鱼当中，只有 3 种鱼卵能制成鱼子酱：大白鲟 (Beluga)、俄罗斯鲟 (Russian sturgeon) 和闪光鲟 (Stellate sturgeon)。

食帖▷ 这三种鱼子酱的区别是？

王玲▷ 大白鲟是体态最大的鲟鱼品种，鱼子颗粒最大，颜色由淡灰到黑色，口感清新甘腴；俄罗斯鲟的卵比大白鲟的要小，鱼子呈金黄色至深棕色且带着坚果般的风味；闪光鲟的卵是这三类中最小的，颜色由浅灰至灰黑色，口感绵软并且咸味较重。品级愈高的鱼子酱鱼脂含量愈高，含盐量愈低，颗粒也更饱满润滑，色泽更澄莹透亮，口感更黏稠鲜美。

◉ 食用鱼子酱的最佳方法：用一只有质感的贝壳勺舀起满满一勺鱼子酱，放在手背，温热片刻，不需要任何中转，直接入口，这种在口腔中爆破的跳跃感越是清脆便越是极品。

食帖▷ 正确品尝鱼子酱的方法是？

王玲▷ 纯粹的东西往往不需要任何累赘，用最简单的方法就好：用一个有质感的贝壳勺舀起满满一勺鱼子酱，放在手背，温热片刻，不需要任何中转，直接入口，这种在口腔中爆破的跳跃感越是清脆便越是极品。如果说一定要搭配食材，那我的建议是：不要拘束，鱼子酱就好像水一样，遇不同的容器就会产生不同的形状，无论鱼子酱遇到吐司、苏打饼干还是龙虾和牛，贵贱有分的食材与鱼子酱结合后都会产生意想不到的惊喜，这种搭配往往需要自己的创意，这样才好玩。

食帖▷ 鱼子酱是否分时令？

王玲▷ 春天的鱼子酱最好。鲟鱼在里海地区每年收获春秋两季，在春天捕获的鲟鱼可生产出质量较佳的鱼子酱，这点和台湾的乌鱼汛期是一样的，但如今里海的鱼子酱已经很稀有，可以不必计较季节。

食帖▷ 如何辨别好的鱼子酱？

王玲▷ 地域和生长环境不同，出产的鱼子酱也会不同，好的鱼子酱一定不是很咸，入口爆破有力，看起来颗颗浑圆，饱满透亮，越好的鱼子酱越泛着金色的光，油润金黄。

食帖▷ 创立自己的鱼子酱品牌，这个想法从何而来？

王玲▷ 爱酒之人怎么能少得了鱼子酱的搭配？起初我是喜欢鱼子酱搭配香槟，之后才逐渐对这一食材有了热爱，只有自己热爱的才会全力投入。我的搭档兼好友是鱼子酱行业的资深人士，很多年前便开始接触这一行业，近年来中国的养殖环境越来越好，市场份额也在全世界快速增长，所以很有商机。更重要的是，当你爱上这个食材并全心投入时，个中的惊喜只有自己才可以体会。

食帖▷ 对"鲜味"如何理解？

王玲▷ 我理解的鲜味是可以被记住的味道，当你吃到一种食物时会迸发刹那的感动，第二次吃到会回味当时的感动，"好吃到哭"就一定是吃到这种鲜味了。

专访 ········· 🍴 ✕ Marino D'Antonio ✕ Noel Fitzpatrick

松露：一个大隐隐于市的菌中传奇

专访主厨 Marino D'Antonio & 松露猎人 Noel Fitzpatrick

王境晰 / interview & text
王境晰、Noel Fitzpatrick / photo courtesy

✲ 松露，名满法兰西的高贵食材，却并不像鲟鱼卵那样剔透撩人，也不像黄唇鱼般雍容华贵，只是自身带着淡定朦胧的独特香气，这大抵就是来自普罗旺斯的扑朔迷离。谈起菌类之王，众说纷纭，各执一词。地道的云南人钟情见手青和牛肝菌，喜鲜醇的菌汤；北方人则大多将各色菌统称为"蘑菇"，寻常人家认为小炒香菇就是最具代表的菌香。显然松露这种外来美食在百姓眼里并不那么主流，直到我第一次品尝到它，也委实未感到惊艳至极。再耐心玩味，那不造作的娇柔，绝非聊以塞责，而是大隐隐于市。说松露为"大隐"再合适不过，并非"小隐"居山林的清高，而是坐繁华之中依旧维持纯净。✲ 欧洲人食松露就司空见惯多了，有意大利白松露、阿尔巴松露、俄勒冈白松露、黑夏松露等十多个品种。法国著名美食家布里亚·萨瓦兰（Jean Anthelme Brillat-Savarin）在其著作《味觉生理学》（*Physiologie du Goût*）中盛赞松露为"厨房里的钻石"，欧洲人更将松露与鱼子酱、鹅肝并称"世界三大珍馐"，特别是法国的黑松露和意大利的白松露。松露生长于榉木、杨木、榛果树等树根下，萃树之华，取土之养，又受阳雨津润，一年孕养，冬至收获，难怪有些娇嗔珍贵，称它为传奇，也不足为怪了。✲ 偶然得知北京一家意餐厅竟创办自意大利"松露之王"之手，在我看来，此等头衔比米其林星级厨师来的更是索性。更有幸与行政主厨 Marino D'Antonio 先生共度了一个悠闲午后，除了典型意大利人的热忱以及意大利厨师对松露的情有独钟，更是深切感受到了能与松露结缘是何等运气。

PROFILE

Marino D'Antonio
意大利人，现居北京，Opera Bombana 餐厅行政主厨。

Noel Fitzpatrick
松露猎人，居于澳大利亚堪培拉，澳大利亚块菌种植协会副主席，Truffle Harvest Australia 创始人。

"大家看到满满的松露就会觉得很开心，我很享受我的客人很
开心的感觉，这也是松露带给我的快乐。"
—— Marino D'Antonio

◉ 耳钉、花臂、络腮胡（不过刚刚剃掉了），Marino
的性格就像他的料理一样，热情又纯粹。

 × Marino D'Antonio

食帖▷ 能简单介绍一下您的厨师之路吗？

Marino D'Antonio（以下简称" Marino"）▷ 我出生在
意大利北部贝加莫市的一个餐饮世家，很自然地爱上
了厨师这个行业，后来进入圣培露烹饪学院学习传统
意餐。

食帖▷ 第一次接触到松露是什么时候？

Marino ▷ 十八岁的时候，刚服完兵役，爸爸带我去阿
尔巴，正逢 11 月松露季，在那里我第一次闻到松露就
被它与众不同的香气吸引住了，品尝之后，便立刻爱上
了这个味道。

食帖▷ 你通常如何烹饪松露？

Marino ▷ 我深刻记得松露刚从土里挖出来时的味道，那
种清新的菌香，是我见过最能用"天然去雕饰"来形容的美
味。我几乎没有刻意"烹饪"过新鲜的松露，通常都是在菜
品上直接刨新鲜的松露片，原始的滋味已经足够美妙，过
多的加工是对它的损耗。我做过的最复杂的处理，也只是
将黑松露片烤焦，作为配菜或摆盘，来平衡食物口感。

食帖▷ 松露通常如何保鲜？

Marino ▷ 松露在天然土壤下面的温度只有三四摄氏度，
而且十分湿润，采集之后要立刻用特殊的保湿纸包起来
放进冰箱，最好三天之内食用，至多不要超过十天。

食帖▷ 介绍一道你最喜欢的黑松露料理。

Marino ▷ 我认为最好的黑松露料理是 Truffle Tagliolini，
最下面是用黑松露丁、时令蔬菜等配料（ Marino 开玩笑
说这是他的独家秘方）熬制的黑松露汁，中间是黄油意面
配火腿粒，最上面再刨上满满的新鲜黑松露。

食帖▷ 它的口感有什么特别之处？

Marino ▷ 这道菜就是能让你从舌根到舌尖都充满黑松
露的味道，是对黑松露本身最好的还原和呈现。松露汁
的黏稠、意面的筋道加上新鲜松露的微脆感混合在一起，
使它的鲜味富有层次，这是我认为意大利最经典的黑松
露菜肴。

食帖▷ 还有哪些黑松露的吃法值得推荐？

Marino ▷ 黑松露的料理有很多，但是我偏爱比较纯粹

◉ Marino 正在制作他最爱的黑松露料理 Truffle Tagliolini。平时有说有笑的 Marino 一进到厨房立刻严肃起来，他说这道菜食材十分简单，但是想做好并不容易。

的。Bombana[1] 主厨比较喜欢把松露直接刨到溏心蛋上，鸡蛋经过低温慢煮，会呈现固液混合的状态，且鸡蛋这种食材的口感、黏稠度和香味都是相对稳定的。

食帖▷ 简单讲讲松露的品种以及如何辨别。

Marino ▷ 最好的白松露是阿尔巴的 Alba Truffle，黑松露是澳大利亚的 Melanosporum Black Truffle 和法国的 Perigord Black Truffle，托斯卡纳和西西里岛也有很不错的黑松露。因为澳大利亚和我们是反季节的，所以夏天的时候有很多来自澳大利亚的松露。挑选松露的时候，首先看它的样子是否完整，其次是闻它的味道是否浓郁，不过这种感觉很难传授，要靠多年经验获得。

食帖▷ 有亲自去采摘过松露吗？

Marino ▷ 没有，这个对我来说是有难度的。称得上"松露猎人"的，基本都是居住在当地的农民，通常他们的家附近就有松露园。他们带着受过专业训练的松露猎狗，才能找到松露。当然，松露猎人本身也是很了解和热爱

◉ Opera Bombana 厨师现场制作的餐厅招牌菜：澳大利亚牛里脊烤鸭肝配黑松露。

松露的。我每年都会去熟悉的农场主那里，和他们保持很好的联系，这样才能保证收到一手的新鲜松露。

食帖▷ 松露收获是在什么季节？

Marino ▷ 白松露和黑松露收获的季节都是在冬季，大概 12 月到次年 3 月的时候。值得一提的是，由于松露生长在树根的土壤里，所以不同的树对松露的味道也会产

1 Umberto Bombana：米其林三星名厨，Opera Bombana 餐厅创始人兼主厨。2002 年被评为"亚洲最佳意大利厨师"，2006 年担任"国际白松露大使"。

◎ Truffle Tagliolini 制作的最后一步——刨新鲜的黑
松露。Marino 开玩笑说："激动人心的时刻来了！
你要看仔细，我动作特别快。"

◎ Marino 示范意大利面的正确吃法，左手拿勺右手
拿叉，用叉子卷一些意面用勺子抵住，慢慢旋转直到
面条全部盘在叉子上，演示完直接把叉子递给我，说
要一口放进嘴里。

生影响，如果那是一棵特别的树，那它也会是一颗很特别的松露。当然土壤、阳光和气候还是最主要的，也正是因为生长环境特殊，带着树根的清新和泥土的芳香，松露才会有那种独特的鲜味。

食帖▷ 松露最吸引你的地方在哪里？

Marino ▷ 它的全部！当我烹饪的时候，松露是能带给我很多灵感的食材，去感受它，就会迸发出很多想法。松露属于比较高级的食材，但我做每一道菜都会不假思索地刨很多很大片的松露在上面，因为我做饭就是想看到客人开心，大家看到满满的松露就会觉得很开心，我很享受我的客人很开心的感觉，这也是松露带给我的快乐。

食帖▷ 你认为什么样的料理符合"鲜味"的概念？

Marino ▷ 我自己做出来的（笑），我很讲究食材的品质

和新鲜度，我需要了解我的食材，一定要知道它的产地和它如何生长。我意大利的家乡，出产品质很棒的火腿和奶酪，但我每次回去，第一件事就是吃一道什锦蔬菜，因为它们是最天然的，带有家乡的清新。

食帖▷ 具体在烹饪上呢？

Marino ▷ 我很尊重食材的季节性，我认为时令蔬菜最能体现出"鲜味"。比如每年 3 月份我一定会做一道白芦笋，在盛夏会做牛肝菌。如果收到了一批新西兰整虾，我就会马上创作出一道关于它的菜肴。我会在每个时节选择此时最好的食材，包括每道主菜的配菜，比如装饰用的小胡萝卜、洋姜、节瓜等等，这样虽然耗时费力，但这是我的料理原则。

◉ 位于澳大利亚堪培拉的松露种植园，创立于 2007 年，也是澳大利亚第一个人工黑松露种植基地。2011 年开始举办 Black Truffle Harvest（黑松露采摘）项目，旨在聚集更多的黑松露爱好者。

⛥ ✕ Noel Fitzpatrick

食帖▷ 从什么时候开始接触松露？

Noel Fitzpatrick（以下简称"Noel"）▷ 我曾有很长一段时间做园艺工作，后来我卖掉了我的生意（一个小型植物园林和一个景观设计中心），搬到乡下农场，在附近的一所大学教园艺，并且打算利用农场做一项能维持生活并且十分有趣的事情。我考虑了很久，也设想了很多种可能，但是一个想法的冒出终结了我所有的犹豫，做一个对于澳大利亚来说十分新鲜的行业——松露种植园。

食帖▷ 这个想法从何而来？

Noel▷ 我自己本身就是一名松露爱好者，我品尝过很多优质的松露，这种神秘的食材让我很感兴趣，以至于我想我是否可以种植、采摘和收获这样一个神秘的菌类，并且能给热爱松露的人们提供最新鲜的食材。

食帖▷ 这项工作最吸引你的地方是什么？

Noel▷ 最吸引我的地方是我能很享受在农场的每一天，这也让我的生活十分有趣。我会期待着每一颗黑松露的

◉ Noel 与他最骄傲的一只松露猎狗。培养一只合格猎狗十分不易，像这样一只训练有素的松露猎狗，在欧洲市场非常抢手，但它们早已成为家中不可或缺的成员。

● Noel 和妻子带领着三只雌性松露猎狗在种植园中寻找黑松露，猎狗找到松露后会异常兴奋。为了确保准确性，通常在寻找松露的前一夜对猎狗进行断食，这样它们第二天嗅觉会更加敏锐。

诞生，并想象着在一个遥远的地方，有客人正在品尝我亲手种植的黑松露，这是令人激动的。我也创立了一个旅游项目，这让我认识到了很多来自世界各地热爱黑松露的朋友，他们来我的黑松露种植园体验亲手采摘黑松露，然后直接拿到厨房烹饪，这和在餐厅吃到黑松露的感觉是完全不一样的。

食帖 ▷ 采摘松露都需要做哪些准备？

Noel ▷ 因为松露特殊的生长环境，所以找到它并不容易。最重要的就是要拥有一只嗅觉灵敏、训练有素的松露猎狗，它可以通过嗅闻土壤下面来自松露的香气找到它们。当松露猎狗找到松露的时候，需要去确认这颗松露是否成熟可以采摘，这就需要松露猎人具备系统的松露知识，当然也需要一个灵敏的鼻子！成熟松露的味道是很强烈明确的，如果味道很微弱、似有似无，就说明可能没有完全成熟，需要在地上打下记号，过几天再来确认。

食帖 ▷ 采摘过程通常会遇到哪些困难？

Noel ▷ 最大的困难应该是多变的天气，如果遇到大雾或大风，猎狗就不能灵敏地识别出气味。最好的条件应该是干冷的天气。当然，如果猎狗当天心情不好，状态不佳，可能也很难找到，这是一个不可控的困难。

食帖 ▷ 农场里都有哪些松露？还有没有去过其他地区寻找松露？

Noel ▷ 农场已经经营了八年，有很成熟的技术去种植松露，包括黑孢块菌和夏块菌。每年松露季，大概有十周的时间农场都会十分繁忙，要将采摘的新鲜松露卖到澳大利亚各个地区。最初学习松露种植技术的时候，我有去法国、意大利等地的松露园拜访那里的松露猎人，与他们相互交流。看到他们的工作和生活状态，我更加坚定了从事松露种植事业的决心。

◉ 一颗上好的松露不仅要结实、紧凑，更重要的是气味要浓郁清晰，Noel 形容松露是麝香的味道。

食帖 ▷ 种植松露和野生松露有什么区别？

Noel ▷ 在澳大利亚，野生松露比较少，所以人工种植是不错的途径。我们会接种松苗在橡树、榛果树的土壤里，培养过程十分复杂和困难。同一种松露，野生和人工养植的在口感上没有明显区别，但是风味会因为受到环境影响而有细微差别。

食帖 ▷ 作为一名松露猎人，对于松露是否有些特别的感情？

Noel ▷ 像松露这么独特又宝贵的食材，应该没有人不钟爱。除了研究松露的种植技术，我也很享受欣赏厨师烹饪松露的过程，看到带着泥垢的松露变成一道道口感和样子都无与伦比的料理，是很感动的，因此也很敬佩那些充满想象力的厨师。

食帖 ▷ 会自己烹饪松露吗？

Noel ▷ 很少，相较法国、意大利、西班牙等拥有几百年松露历史的地区，澳大利亚这个只有23年松露历史的地方，并不像欧洲有那么多人推崇松露，自然也缺少专门料理和研究松露的厨师。不过近年来，也有一些澳大利亚厨师去欧洲学习烹饪松露的方法，澳大利亚也开始像欧洲一样举办松露集市、松露节等活动，我希望通过自己对松露的宣传，让更多人爱上这个与众不同的珍宝。

食帖 ▷ 您认为松露的"鲜味"体现在哪里？

Noel ▷ 真正新鲜的松露有一股强烈的味道，每个人对这个味道都有不同的感受。味道最强烈的时候，就是你食用这颗松露最好的时机，错过了就很难尝到最原汁原味的松露了。松露真正的保鲜期很短，至多十天，存放时间越久，香味和鲜味流失得就越多，因此松露猎人和厨师的共同任务就是：尽可能快速采摘、运输、烹饪上桌。

专访 ·········  × 黎小沛

一位粤菜主厨的鲜味心得

专访粤菜名厨黎小沛

蔡咏 / interview & text
王境晰 / photo courtesy

✳酒店里的人，都喜欢称黎小沛为"黎叔"，因温文儒雅的黎叔不论待谁都十分耐心、亲切、谦逊。虽已担任厨师长多年，但黎叔为人低调，工作之余很少参加外界活动，就喜欢去菜市场买些肉菜，回家给家人煲一些时令养生的老火汤。按黎叔的说法，做粤菜总体来说和煲老火汤一样，食材和养生是关键。✳黎叔把食材看得比天大。不论做哪一道菜，首先要料好。做白切鸡，得挑品种好的清远走地鸡或湛江鸡，而不能用太肥的三黄鸡或是冰冻的鸡。挑错了原料，再好的师傅也没办法发挥功力。除了食材求鲜，烹制过程也要尽量遵循其本味，不添加过多调料。原汁原味，便是粤菜中"鲜味"的来源。一只白切鸡，通常只搭配姜茸、葱茸或少许酱油，清淡中方得鲜美。✳因时而食也很重要。夏季炎热，适合做冬瓜盅，清热解暑；秋冬寒冷干燥，适合吃羊腩煲滋补。黎叔说，这是出于养生角度考虑的，"顺应自然规律，依时而食，吃一些当季的肉类蔬果，对身体大有裨益"。✳可以说，粤菜之鲜美，源于食材本身；粤菜的养生之道，来自对时令食材的善用。

PROFILE
黎小沛
广州人，北京金融街丽思卡尔顿酒店金阁中餐厅主厨，拥有 25 年厨师经验，曾在北京、上海、广州多家星级酒店担任中餐厨师长，港澳名厨会员，曾获中国饭店业优秀行政总厨殊荣。

桂花芥末虾球

● 用西式的黄芥末、卡夫酱、炼乳，搭配日式绿芥末和中式桂花糖调成酱汁，裹上越南虎虾做的一道虾球。味道并不浓重，却能很好衬托出虾本身的鲜味。

食帖▷ 您对粤菜所谓的"鲜"有怎样的理解？

黎小沛▷ 第一是要有好的原材料。原材料不够好不够新鲜，依靠放鸡精和味精去提鲜，那种味道跟食材的鲜味是两码事。我现在无论是在家做菜，还是在酒店做菜，都不放任何味素，尽量保持原汁原味。我通常会用鸡肉、猪肉熬一个汤头，提升菜品的香味和鲜味。

食帖▷ 粤菜中有种类繁多的各式汤品，煲汤时有什么技巧？

黎小沛▷ 煲汤用的排骨，或是其他肉类，切勿用冷冻的。冻肉和鲜肉煲出来的汤差别很大。鲜肉煲出的鲜香清甜。冻肉煲出来发腥，会带有冰箱味。

食帖▷ 粤菜讲究因时而食，那么四季各有哪些代表性汤品？

黎小沛▷ 春天比较适合喝清淡、润一点的汤，比如玉米红萝卜煲猪骨。夏天出汗比较多，可以煲一点瓜类的，冬瓜、节瓜入汤都不错。天冷要煲滋补一点的，加入怀山、枸杞、党参的药膳汤，很适合秋冬喝。

食帖▷ 广东人过年喜欢吃盆菜，里面有各种各样的鲜味食材，干贝、鱼肚、辽参、冬菇、蚝豉、腐竹、萝卜等一股脑放下去。如此繁多的食材，味道不会杂乱吗？

黎小沛▷ 其实不会。做盆菜有讲究，通常盆菜的上层会放花胶、辽参、冬菇、瑶柱；底部会放一些腐竹、菜花、萝卜。本身比较清淡的食材，吸收到上层流下来的汁和胶质，就会比较香。但如果颠倒过来，把特别好的食材放下面，蔬菜放上面，蔬菜沾不到鲜汁和胶质，菜汁还会渗到那些好物里，结果就会两败俱伤。

食帖▷ 作为一名粤菜主厨，创作新菜品时，会借鉴别国料理吗？

黎小沛▷ 食物是相通的，互相借鉴融合是好事。粤菜有很多"洋化"的东西，比如一道炒和牛粒，传统粤菜都是用普通牛肉，不会用和牛，这是从日本料理和西餐中借鉴过来的食材，然后再按照我们传统的方式去烹饪。另外还有一道桂花芥末虾球，是用黄芥末、卡夫酱、炼乳、绿芥末、桂花糖调成酱汁，裹上越南虎虾做的一道虾球。调料中西合璧，看似过于丰富，其实味道并不浓重，能很好衬托出虾本身的鲜味。

食帖▷ 最后请您分享一道家常易做的鲜味粤菜。

黎小沛▷ 家常的话，可以试试豉油皇煎大虾。一定要买新鲜的活虾，冻的虾鲜味会大打折扣。基围虾、白虾、麻虾都可以的。把虾剪须，去除虾线，用油煎一下，放生抽和少许糖，放点葱末、姜末去腥提鲜。日常给家里人做，或者有朋友过来，这一道菜都非常合适，简单方便。

炒和牛粒

◉ 粤菜有很多"洋化"的东西，传统粤菜都是用普通牛肉，不会用和牛，这是从日本料理和西餐中借鉴过来的食材。

专访 ········· ⊗ ✕ Stéphane Laurens

法餐之鲜，万变不离其材

专访 FLO 餐厅主厨 Stéphane Laurens

王境晰 / text & photo courtesy

✳ 不太喜素食的法国人，在饮食上自成一派，其端庄，不亚于《红楼梦》中的大观园。印象中第一次接触正宗法餐并不是在灯烛摇曳的餐桌上，而是罗兰·约菲（Roland Joffé）的一部《Vatel》，虽是讲述纸醉金迷的君王贵族生活，但追忆起来不是声色犬马，却是法兰西佳肴的真髓。路易十四对美食要求甚高，餐前饮汤，是法王晚宴的开篇，牛肉、鳕鱼、蜗牛、鹅肝、鱼子酱通常是宴桌的主角。端坐在铺着花绸面布的餐桌前，点燃灯台，宛若推开凡尔赛的宫门，酌金馔玉、山珍海错，一一展开。✳ 现代法餐虽继承了君王时期的饮食精神，但早已改去御宴繁缛的程序，大可不必认为其不可向迩。考究、细腻、精雅是我对现代法餐的理解，将考究放在第一，源于我与 FLO 餐厅主厨 Stéphane Laurens 的一番浅谈。Stéphane 称考究的食材是法餐的至要，是一席完美菜肴的根蒂。✳ 差的食材会直接影响它的身段。用一见钟情的完美食材，饱以尊重去烹饪，单就这点看法餐之鲜，也可见一斑了。✳ 感动之余我也渐悟法餐之鲜究竟为何，食材考究涓滴不漏，不容大醇小疵，美食与艺术兼具，故深得其中三昧——万变不离其材也。

PROFILE
Stéphane Laurens
法国人，现居北京，FLO 餐厅主厨。

食帖▷请简单介绍一下您的厨师之路。
Stéphane Laurens（以下简称"Stéphane"）▷ 在我 16 岁那年，很偶然地得到一个机会，去法国安纳西（Annecy）小城的一家米其林三星餐厅打工，跟随主厨 Marc Veyrat 学习。之后我就爱上了厨师这个职业。和很多人一样，我也是从给师父准备配料开始，一步步走到今天的。

食帖▷为何会移居到北京？
Stéphane ▷因为我的北京妻子（笑），我在法国阿尔比大教堂（cathed ral Albi）隔壁有一家自己的法餐厅，当时她和朋友一起来法国旅游，进来我的餐厅吃饭。做完晚餐之后，我照例出来和顾客们打招呼，一眼就看到了这个姑娘（Stephen 顺势掏出手机"显摆"妻子的照片），接着

● 和 Stéphane 交谈时能感受到，烹饪对他来说是一
种骄傲和恩赐，为他带来事业和爱情。

便一见钟情了。通过邮件联系了一段时间后，我来到中国又一次见到了她，便决定回法国把我的餐厅卖掉，搬来北京住。去年我们结婚了，而且就是在 FLO 餐厅举办的婚礼。

食帖 ▷ 除了"收获"到一个中国媳妇，厨师这份职业还给你带来过哪些难忘的经历？

Stéphane ▷ 除了跟随主厨 Marc Veyrat 学习的经历外，我还为 F1 锦标赛工作了十年。我以车队随行厨师的身份，跟随多支车队环球旅行，为赛车手和贵宾们做饭。这个过程中，我逐渐意识到团队精神的重要性。赛车运动的团队协作，与餐厅后厨的团队协作，其实是相似的，整个过程的精密性和严谨性，堪比法餐厨神 Alain Ducasse 的佳肴制作过程。如果不是厨师这个职业，我现在可能依然待在家乡的小城，不会有机会周游世界，也无缘见识到不同国家的美食和风情。

食帖 ▷ 你是如何看待食物的"鲜味"的？

Stéphane ▷ 我认为最重要的一点，是寻找到优质食材。选择优质食材是一项非常耗时的工作，甚至需要一整个团队来完成。譬如松露，市场上有很多松露，你一定要亲自去找到你最喜欢的那一种，不管距离有多远，都应该亲自去，并且和当地农户深入交流，让他们知道我想要的具体是哪一种，是更甜一点的，还是香味更浓一点的，找到后第一时间带回来烹饪，以此来保证菜品的新鲜度和完美性。

食帖 ▷ 具体到法餐中的讲究呢？

Stéphane ▷ 法餐除了把美食当作艺术品精雕细琢之外，更重要的是对食材的严谨分类。譬如土豆，就有十多个品种，看上去可能没有太多不同，但是产地带来的风味差异，经烹饪后会有明显区别；再譬如番茄，颜色和尺寸有很多种，当它作为配菜时，我就会很在意它的颜色。

食帖 ▷ 那么在法餐厅里，食材的挑选都是专人负责吗？

Stéphane ▷ 在法国高档的餐厅里，通常会有专人负责检查食材，不仅要足够新鲜，而且不能有明显瑕疵。法餐厅的分工会相对复杂一些，有人负责寻找食材，有人负责做食材实验研究如何搭配，还有专门负责海鲜采购和面包采购的专员。

● Stéphane 制作的香煎"露杰鹅肝"，配焦糖苹果、芒果、蔓越莓干、银盘蘑菇，佐波特汁。

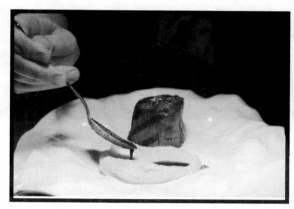

● Stéphane 制作黑松露汁。

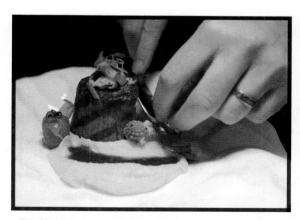

● 巴黎式扒牛脊配牛肝菌、红酒炖小葱、杏仁土豆球，佐黑松露汁。Stéphane 对摆盘做最后的调整，每道菜都是认真完成一件艺术品的过程。

● Stéphane："要拍摄海鲜吗？不如抓出来给你吧。"

"不管它是蔬菜还是肉类，无论它是昂贵还是平凡，只要去
尊重每一种食材，都是可以烹饪出'鲜味'的。"

食帖▷ 你认为什么样的食材能体现出"鲜味"的概念？

Stéphane ▷ 我觉得最重要的不是食材的种类，而是任何一种食材，不管它是蔬菜还是肉类，无论它是昂贵还是平凡，只要去尊重每一种食材，都是可以烹饪出"鲜味"的。

食帖▷ 那么你如何将每种食材的"鲜味"发挥到极致呢？

Stéphane ▷ 对于一家餐厅来说，除了找到新鲜食材，保鲜也是一项重要任务。虽然我们一次最多只进两天的食材用量，但有些食材的变质速度非常快，几个小时风味就会损耗。有些小窍门是我们常用的。例如将松露放在大米中，保持干燥，留住香味和口感；草莓包上湿巾放在冰箱里，可以防止颜色变暗。此外，一些果蔬和调味料，会有特制的冰箱，方便单独控制温度和湿度。食材的工作做足了，烹饪上就不需要过多技巧，将原味最大程度提取出来，便是上等的"鲜"了。

食帖▷ Julia Child 称酱汁是"法餐的精髓"，你个人对此的看法是？

Stéphane ▷ 的确，酱汁搭配得当，会让一道简单的菜瞬间升级。很多法国餐厅都是以酱汁闻名的。法餐有许多代表性的酱汁，我自己比较拿手"龙蒿棕酱"，其中包含青葱、欧芹、罗勒、龙蒿等等，搭配比例是我的小秘密（笑）。

食帖▷ 你觉得酱汁算是另一种"鲜味"吗？

Stéphane ▷ 首先要分清"酱"和"汁"的区别。"酱"是用香料和各种食材专门制作，经过长时间熬煮、烘调而成的；而"汁"是烹饪过程中食材本身渗透出来的液体，带着食物的鲜味。有时将二者混合，调成"酱汁"，就会既带有食材本身的味道，又因为添加了相合的食材和香料进去，激发出层次更丰富的鲜味。

专访 ……… 〇 ✕ 滨田统之

滨田统之的法式料理新境地：
不在远方，正在脚下

陈晗 / interview & text
Hotel Bleston Court / photo courtesy

✳ 2013 年 1 月 29 日，世界 24 个国家选拔的厨师代表，齐聚法国里昂，参加第 14 届 Bocuse d'Or（博古斯世界烹饪大赛）。Bocuse d'Or 于 1987 年创办，以法国厨艺泰斗 Paul Bocuse 的名字命名，两年一届，现已成为世界最权威的法式料理竞技赛事。✳ 24 个国家的代表中，有一位是来自日本的滨田统之。这是滨田第二次参加 Bocuse d'Or，第一次是 2005 年，当时 29 岁的他，经过日本赛区重重选拔，最终作为最年轻的日本代表，进入世界决赛。虽未位列前茅，却仍给国际评审们留下了深刻印象。

再战 Bocuse d'Or

○滨田统之参加 Bocuse d'Or 后不久，日本顶级度假酒店品牌虹夕诺雅，向滨田递出了橄榄枝。2007 年，滨田统之正式进入虹夕诺雅在轻井泽的酒店 Hotel Bleston Court，担任总厨师长。全面管理这家高级度假酒店餐饮的同时，他将工作重心放在了酒店唯一的法式餐厅 YUKAWATAN 上，并于此潜心修行，不断磨炼法式料理技艺，终在 2013 年再战 Bocuse d'Or。这一战，他就成了第一个登上 Bocuse d'Or 领奖台的日本人。尤其是鱼类料理竞赛单元，滨田的成绩是 842 分，第二名法国代表是 819 分，差距可谓悬殊。

PROFILE

滨田统之
2007 年开始担任星野集团虹夕诺雅度假酒店 Hotel Bleston Court 总厨师长。2013 年代表日本参加世界 Bocuse d'Or 烹饪大赛获得总成绩第三名，其中鱼类料理竞赛单元第一名。他在传统法式料理中融入日式料理的气质与感性，为法式料理开创出新境界。

● 日本星野集团的高级度假酒店 Hotel Bleston Court，
地处轻井泽的优美环境中。不仅可享受美景，更能在
酒店的法式餐厅 YUKAWATAN 中，品尝滨田亲自开发
的精致美食。

让日本式法国料理征服世界

○"和法国人用一样的食材、一样的烹饪方式，必然无法超越他们。因此，必须融入日本料理的精髓。"被称作厨师中的"武士"，还梳着类似日本武士发髻的滨田统之，做了个颇为大胆的决定：他要以日本式法国料理，赢得这场国际顶级法式料理竞赛。或者更准确一点，用滨田的话来说："取得名次固然好，但更让我开心的，是我创作出的日本式法国料理，能得到世界的认可。这不是目标，也不是终点，只是将日本式法国料理推向世界的第一步而已。"

○不只是所用食材，抑或烹调技艺，滨田所指的"日本式"，是要彻头彻尾地在法式料理中，糅入日本气质，以及日本人特有的感性。刀具、盘子、汤碗、木盒，比赛中用到的所有器具，都出自日本职人之手，凝结了至高的日本传统工艺。当然在食材选择中，滨田也尽可能地使用日本国产素材：海苔、紫苏、香菇、莲藕……尤其鱼类料理环节中，他利用了"日本柚"的独特清香，令尝惯传统法式风味的评审们颇为惊叹。

"珍宝"就在脚下

◯ 在他担任厨师长的 YUKAWATAN 餐厅里，这种"日本式法国料理"的理念也融入到了每个细节。YUKAWATAN 地处轻井泽，因邻近河流"汤川"（yukawa），而得名"YUKAWATAN"。这里自然环境绝佳，水产资源丰富。没有选择在东京之类的大都市工作，而来到地方小城与山野之间，滨田为的就是这难得的水土。信浓雪鳟、佐久鲤、香鱼，各类地产鲜蔬、牧场禽畜⋯⋯鹅肝与松露对滨田来说魅力了了，这些眼前的、脚下的食材，才是他眼中的珍宝。正应了北欧美食学（Gastronomy）里流传甚广的那句话："多看看自己的脚下。"

◯ 2014 年 11 月，一本介绍滨田统之与 YUKAWATAN 的料理书《NORIYUKI HAMADA, RESTAURANT YUKAWATAN, KARUIZAWA JAPON》在法国出版，滨田的日本式法国料理概念，再度得到了法国本土的认可。当被问及是否已达成初涉法式料理的目标时，他回答："还差得远呢。料理人是没有固定目标的。我所追求的，只是不断地进化。"

◉ 主食材为信浓雪鳟，
配菜的烤洋葱与番茄，
是点睛之笔。

⊕ YUKAWATAN 特别料理，也是一道开胃前菜，六种精致料理，分别置于滨田特选的六块石头之上。其中有猪肉、鱼肉制成的肉冻，也有几款分子料理，圣女果与樱桃中都各有乾坤。

食帖 ▷ 听说你最开始研习的是意大利料理，后来因何转而学法式料理呢？

滨田统之（以下简称"滨田"）▷ 我的老家在鸟取，家人开了个日常菜品店，从小就经常接触和食料理。虽然早就有成为料理人的决心，但为什么选择从意大利料理开始呢，其实是因为那时经常关照我家的一位法国厨师的一句话："接下来，是意大利料理的时代哟。"所以高中毕业，就开始研习意大利料理，用了 6 年时间。

6 年过去，我开始尝试学习其他料理，那时常去东京的法餐厅，因此结识了米其林主厨 Joel Robuchon。我一直觉得，法式料理，是要通过适宜的烹调方式，使其忠于食材，且高于食材。意大利料理和日本料理通常是煮制各种酱汁，再加以不同的食材组合进行简单的制作，法式料理在这点上就不太相同，似乎有更多的可能性。

食帖 ▷ 2013 年参加国际料理大赛 Bocuse d'Or，成为站上 Bocuse d'Or 领奖台的日本第一人，现在来看，当时的决胜关键是什么？

滨田 ▷ Bocuse d'Or 大赛希望选手们发挥出自己国家的独特性。日本人擅烹鱼，所以在鱼类料理竞赛单元，我融入了很多日本传统料理元素。比如酱汁，加入了"日本柚"和 Vin Jaunes（一款白葡萄酒，产于法国南部汝拉地区），搭配以适当的装盛食器，使清爽的日本柚芬芳能够更好地发挥。

食帖 ▷ 你在料理中最重视的是什么？

滨田 ▷ 身为一名日本料理人，最终还是希望能更多地使用日本特有的素材，将日本元素融入法餐。我最近比较少使用鹅肝和松露，开始寻找代替它们的日本食材，比如用香气浓郁的长野产野生菌来代替松露。

● 滨田统之的料理书
《 NORIYUKI HAMADA,
RESTAURANT YUKA-
WATAN, KARUIZAWA
JAPON 》, 增 井 千 寻
著, Richard Haughton
摄 影, GLENAT 出 版,
2014.11.26。

食帖▷ 2014 年 11 月, 你的料理书《 NORIYUKI HAMADA,
RESTAURANT YUKAWATAN, KARUIZAWA JAPON 》在法国出
版, 标题简单明了, 但副标题的 " Cuisine de Samouraï " 意
味深长。 "武士的料理书", 可以这么理解吗?

滨田▷ " Cuisine de Samouraï " 是这本书的著者增井千寻
起的。日本的武士精神, 对我来说重要的是 "stoic" (坚忍、
克制) 这个部分。武士们在无法坚守或背弃了信念之时,
会选择切腹自尽。虽然我做不到切腹 (笑), 但这种信念
令我佩服。我自己也会在料理中, 贯穿这种信念, 经常
会反思: 作为一个料理人, 能给后世留下什么? 不只日
本, 是整个世界。

＝＝＝＝＝＝＝＝＝＝＝＝＝＝＝＝＝＝

食帖▷ 你的这本书里也按日本的 "五味", 将全书分为五
章, 其中一章就是讲 "旨味" (英语写作 Umami), 中文的
"鲜", 在日语里虽常对应为 "旨味", 其实不尽相同。在

◎ 与邻近的轻井泽
Salad Farm 的农场主
人依田先生交谈中。
滨田十分重视与生产
者的交流，只有通过不
懈的沟通，才能与生产
者一起培育出更好的
本地食材。

◎ 岩鱼料理。最后一步，滨田用竹签小心翼翼地缀上野花。

● YUKAWATAN 外观，巨大落地窗掩映于林木之中。

● 法式餐厅 YUKAWATAN 内部。桌上的许多器皿，都出自日本年轻艺术家，也是滨田统之的好友青木良太之手。

你看来，法式料理对"Umami"的理解与呈现，是否和日本料理不同？

滨田▷法式料理中的"Umami"和日本料理中的"旨味"很不一样。在我的印象里，法式料理中被称作"Umami"的，多是口味平常的鱼，或是煮到胶原蛋白满溢的料理。最初法式料理中"Umami"的意思，大概指的就是这种食材精华都浓缩于胶质中的感觉吧。而另一方面，日本料理对"旨味"的理解，则一般是指从海带和鲣鱼片中提炼出来的、难以言喻的鲜美风味。

食帖▷作为 YUKAWATAN 的总厨师长，你想把 YUKAWATAN 打造成一家怎样的餐厅？

滨田▷我想为大家提供不在日本就无法感受到的体验。食材、蜡烛、餐具，和用餐相关的一切事物，都会用心注入日本味道。虽是法餐，但从一开始就加入了筷子的使用。还有青木良太制作的器皿，一看到就觉得，非用这个不可。

与我几乎同代的青木良太，是典型的不拘于、也不丢弃日本传统风格的艺术家。在过去的制器工艺基础上，他创作出许多有现代气息的"新"器。

食帖▷你的料理摆盘十分别致，优雅中又有浑然天成的朴素美感。这些摆盘的灵感都来自哪里？

滨田▷关于摆盘，我觉得最重要的是"味"。主食材自身的生长场景、它的形与味，都作为摆盘的"背景"来思考。副菜一般也不会做得太复杂，以免对主食材产生干扰。摆盘这件事，是到料理做好之后才开始设计。一般来说，倾向于用青木良太制作的白色圆形器皿。我很中意摆盘时的"留白"。

给我最多灵感的，是"自然"。甚至可以说，自然界就是我的教科书。比如在摆盘中完全再现食材生长环境，或是完全颠覆……我做的虽是料理而非艺术，但就像绘画、语言和音乐是艺术家的创作工具，我的创作工具就是"料理"。

◉ YUKAWATAN 中庭，为林间小鸟们准备的鸟窝。

◉ 闲暇时滨田喜欢在山中散步。在大自然中随意走
走，四处看看，是他汲取创作灵感的最佳方式。

专访 ········· 🍴 ✕ 食家饭

沪上味，怎能不精致

专访美食作家食家饭

陈晗 / interview & text
食家饭 / photo courtesy
biiig bear / illustration

＊苏州菜、无锡菜偏甜，杭州菜清鲜，上海菜兼而有之。＊今天的沪上美食圈里，任谁有关于上海菜的疑问，去找食家饭准没错。上海生、上海长的她，自小吃着家里的精致饭菜长大，"精致"是她对上海菜最初的定位与最基本的要求。"精致"不只是摆盘精美，而是从食材、工艺到味道，都要有深挚的讲究。＊遗憾的是，在今天的上海，想找一家不另外打入肉皮冻，而是只靠肉馅来出汁的生煎馒头，都非易事。一茶一饭绝不怠慢的食家饭，一边在高级食材公司做着市场营销，一边忙里偷闲，在家还原心目中的上海本帮家宴菜。也不大肆张扬，只做给心意相通，懂她做饭的人。

PROFILE
食家饭
本名俞沁园，上海人。美食作家、美食评论家，代表著作
《半间灶披间》。

食帖▷何时开始爱上做饭的？
食家饭▷从小就喜欢。家里人都很重视吃，自幼耳濡目染。但第一次认真做饭是刚进大学的时候。和好友一起烧了一大桌子菜，请许多朋友来吃。那次不同往常随意炒个青菜鸡蛋，而是第一次真正意义上的做一顿饭，发现原来做饭还蛮复杂。当时忘记买很多调味料，幸好那时住在淮海路，家对面就有一个很好的菜市场，发现缺什么就可以赶紧跑去买。

食帖▷结果那桌饭做得如何？
食家饭▷过程虽有点坎坷，但结果还算成功。主要是和好友做饭风格很接近，都以上海本帮菜的家宴菜为主。两个人做的饭菜不会南辕北辙，而是融洽的。

食帖▷在家做的本帮菜，和饭馆中的有什么区别？
食家饭▷其实我觉得自己家做的本帮菜，比现在上海街头一些所谓的正宗本帮菜饭馆中的要精致得多。以前只有在

◉ 食家饭做菜，钟爱用老铁锅。她也买过无烟锅和不粘锅，菜一下去，静悄悄地，让她茫然无措。"但老铁锅就不一样，油热了，它会冒烟，在告诉你：'我热了'；菜下去，哗的一声，是在说：'温度够了'。它会跟你沟通，不像其他锅那么高冷。"
食家饭爱用的菜刀也是最传统的。她也赶时髦，买过各式新奇刀具，最后都束之高阁。无论是去做烹饪节目，还是去朋友家做菜，她都带着自己这把老菜刀，用着最顺手。

不想做菜，或家中临时来人，菜色不够时，才会去弄堂旁边的小饭馆里要两个菜，也就是现在被炒得很热门的那种饭馆。它们谈不上很正宗，只算是上海菜中很普通的一种。

食帖▷怎么定义这个"精致"？

食家饭▷主要是选料、味道上的考究。摆盘精致不难做到，但要在食材和味道上真正考究，不太容易。

食帖▷记得你也提过古时候的"青楼菜"，似乎更加考究？

食家饭▷"青楼菜"是过度"考究"。青楼里的人一般更有闲情逸致去雕琢菜，会把它做得异常精致，比如董小宛的"董肉"[1]，还有"秃黄油"。江南人爱吃蟹粉，通常会把蟹黄、蟹膏、蟹肉都剔出来，用猪油封住保存，慢慢享用。但"青楼菜"里的"秃黄油"，只取蟹黄与蟹膏，蟹肉一丝也无。还有一些"青楼菜"，会用鲤鱼须炒一盘菜，或用鲫鱼脸腮窝炒一盘菜。记得小时候，外公喜欢吃塘鲤鱼的巴掌肉（两颊位置），外婆就给他专门炒一盘巴掌肉，剩下的鱼身做成元宝熏鱼，给小孩子当零食吃，也算物尽其用。总之，"青楼菜"还是过度了，不值得提倡。精致与过度精致之间，要掌握好分寸。

食帖▷上海菜通常被形容为"浓油赤酱"，身为一名"老上海"，说说你的看法。

食家饭▷上海菜有个"老八样"[2]，说法各异。青浦的老八样和崇明的老八样就不一样。一般人觉得老八样里的八样菜，就代表正宗的上海菜。乍看过去，的确多是浓油赤酱。但仔细一看，总有一个菜，和其他几样不太合拍，这道菜就是"扣三丝"，《舌尖上的中国》里也提过。"扣三丝"刀工精巧，食材高级，比如火腿、冬笋、香菇，这在过去都算高级食材了。而且它用的是高汤，上桌仪式也考究，上桌后当场"扣"于盘中，故名"扣三丝"。

如此清雅的一道菜，怎么和一堆浓油赤酱的菜，被合称为上海菜"老八样"了呢？其实，它原本是扬州菜。上海人觉得好，就把它收进了自己的菜系里。有些正宗的上海老饭店里，有"虾子大乌参"这道菜，但乌参其实是鲁菜食材；还有"八宝鸭"，苏州也有"八宝鸭"，而且做得比上海更精致，全部剔骨；再比如一些本帮菜小馆的"炒虾仁"，也是苏州菜，或者"龙井虾仁"，则是杭州菜。上海菜的特点，就是这座城市的特点，务实、包容、变通。上海菜其实就是博采众长，它的最大特点是一直在变。"变"才有生命力。但"变"也是在一定基础上的，首先要适应上海人的口味；其次考虑食材难度，某种食材本地没有，就换一种。例如上海的"海派西餐"，特点就是：西餐中制，中料西烹，最后自成一格。上海人吃不惯太生的牛排，就把它做熟一点；法国蜗牛不好买，就换成蛤蜊。

食帖▷在不断融合的过程中，上海菜最本质不变的核心是什么？

食家饭▷工艺、技术上的传统不能变。现在很多店是能偷懒就偷懒，工艺能省则省，这样肯定做不出好东西。以前生煎馒头里的肉汁，并非额外添肉皮冻进去，融化后成为汁，而是肉馅自身的汁水。还在坚持传统工艺的店，在上海已不多见，生煎包也就"海上阿叔"家，还可感受到店家的努力，感受到他仍在坚持。

食帖▷上海人的口味倾向是怎样的？

食家饭▷记得20世纪八九十年代时，上海家家户户的饭桌上，几乎没什么辣菜。以前的上海人不太能吃辣。小时候第一次吃表哥从云南带回的"黑三剁"，整个味蕾都大受刺激，那道味从未尝过。那时的上海菜里，即使名中带"辣"字，实也不辣，八宝辣酱就是甜咸风味的。现在街上的火锅啊川菜啊，都是较晚传入的。以我个人口味来说，比较喜欢粤菜、闽菜、徽菜（上海菜中有一部分就是脱胎于徽菜），还有真正好的川菜。

食帖▷ 何谓真正好的川菜？

食家饭▷ 一菜一格，百菜百味，绝不能只是辣而已。我吃过好吃的川菜，里面的"辣"都是含蓄婉转，而非霸道直接的。四川曾经也是富庶之地，它的饮食文化丰富考究，绝不能仅用一个"辣"字概括。民国时期，川菜逐渐进入上海，并跟上海菜发生一些融合，上海人也很接受，但接受的是其精致的部分。上海有一派菜，叫"川扬合流"，"川"指四川，"扬"指扬州，上海老店"梅龙镇"就是典型的"川扬合流"。这一流派在我看来，也属于上海菜。

食帖▷ 你怎么理解"鲜"？在你心里哪道上海菜最能诠释这个字？

食家饭▷ "鲜"这个字很特别，西方没有明确对应"鲜"的词，差不多能匹配的，就只有"tasty"或源自日语的"Umami"。不只西方，很多国内的北方人，也不太使用这个字。比如白斩鸡，上海人肯定是说"好鲜"，北京朋友会说"好香啊"，一开始我还迷惑，后来渐渐明白了，他们的"香"就是我们的"鲜"。不管用不用这个字，味觉上的认知是共通的，只是不一定用"鲜"来表达。鲜不光是荤腥，很多蔬菜里也有鲜味。比如笋、蘑菇、香菇的根，还有黄豆芽、豆腐皮，这些食材里都有鲜味。上海过年有道菜，黄豆芽炒油豆腐，用上海话说就是"老鲜的老鲜的"，其实它就是两种豆类鲜味的融合：刚萌发的黄豆芽清新味，与过油加工过的油豆腐。我们管这道菜叫"如意炒金条"，又好吃，又有个好口彩。

上海的春天，有道菜是一定要吃的：腌笃鲜。这道菜我觉得算是上海菜里"鲜"的代表了。咸肉的鲜、鲜肉的鲜、笋的鲜，三样合在一起鲜上加鲜。肉的鲜与笋的山野清鲜，融合得特别好。再说"青楼菜"，青楼里将腌笃鲜更上一层，以火腿代替鲜肉，鸡肉代替猪肉。但火腿的鲜和鸡肉的鲜，其实都太有个性，太抢戏，竹笋在当中已经没有地位，三种食材融合得并不好。这也是我为什么不赞赏"青楼菜"的一个原因。

食帖▷ 怎样做能吊出食材的"鲜"？

食家饭▷ 首先，食材本身要新鲜，很多食物进了冰箱就不"灵"了。比如"秃黄油"，已经被猪油封住，常温保存就可以，如果在冰箱和室温中变来变去，味道反而会受影响。其次，不要用过多调味料。前几天我做梭子蟹豆腐煲，豆类和蟹的鲜味都较清淡，可以互补。有人提议加胡椒粉，其实只有当蟹有腥味了，才需要加胡椒粉掩饰。蟹足够好，就完全不用，如果是活蟹，葱姜都不用，口淡者盐也不必加，海蟹本身有咸味。蒙古人吃羊肉，就一锅清水来煮。北京人吃涮羊肉，也是清汤来涮。很多上海人都喜欢吃老北京涮羊肉。

腌笃鲜

~~~~~~

Recipe: 食家饭的"腌笃鲜"

食材 ▶▶▶ 南风肉 [3]/50g ✿ 五花肉 /500g ✿ 春笋 /250g ✿ 黄酒 / 适量 ✿ 葱、姜 / 适量

做法 ▶▶▶ ❶ 南风肉与余烫过的五花肉先入锅，放入葱、姜、黄酒，小火慢炖 2 小时左右。❷ 炖到一半时取出南风肉，快炖好时再加回去。若把它从头炖到尾，汤则过咸，南风肉本身也会失去味道。❸ 南风肉取出时，即可加入春笋，只用春笋中段。笋尖可留做其他菜。

~~~~~~

1 董肉：又名虎皮肉，浙江名菜，主要材料为猪五花肉和腌雪里蕻梗，口味偏甜。
2 老八样：一种说法为：八宝饭、甜扣肉、白斩鸡、红烧鱼、蛋卷、三鲜汤、扣咸肉和扣三丝。
3 南风肉：产于江南一带，是介于火腿与咸肉之间的一种腌制猪肉，可理解为较淡的咸肉。

FEATURES
Guide

筑地市场的
前世今生

✳ ✳ ✳

李淼 / text
王境晰 / edit
张力中、李淼 / photo courtesy

○ 筑地市场的名字，在中国的读者心中想必不陌生，然而在媒体范畴，筑地市场除了指代全世界最大的生鲜批发市场之外，还附有"美食"、"金枪鱼"、"传统"等文化标签。几乎所有的东京旅行攻略都会建议去筑地市场吃寿司、看卖鱼。但是，筑地市场究竟是什么，并没有太多人能说清楚。在这一篇里，我们将试着为各位梳理一下，筑地市场到底从何而来，在做什么，以及承载了怎样的吃的艺术。

《日本桥鱼市繁荣图》歌川国安（1794~1832）画，江户时代描绘日本桥鱼河岸盛景的浮世绘。可见早在江户时代，筑地市场的雏形就已经隐约可见，集市上人们摩肩接踵、满载而归、其乐融融，其别称"鱼河岸"也源于此，意为紧邻海岸的鲜鱼市。

❖ 筑地市场的环境可谓得天独厚。位于东京市中央区的这一巨大市场，与商业中心银座以及交通枢纽新桥比邻。此处人流攒动，给市场带来了丰富的人气。虽然是全世界最大的生鲜批发市场，但筑地市场的历史却意外地年轻。

❖ 早在江户时代，随着交通和经济的发展，如今的东京地区就开始出现人口稠密的趋势，食材的日常批发和采购行业随之开始快速地发展。而主要进行海产类交易的市场，就设立在当时江户商业最为繁华的日本桥附近，被称为"日本桥鱼河岸"。不仅是生鲜食品，与老百姓生活息息相关的衣食住行，在日本桥都有悠久的商业历史：著名的三越百货，以及三井财阀，都是从日本桥的商业环境中孕育发展起来的。日本桥鱼河岸，可谓筑地市场的前世。

● 建设时期的筑地市场，占地 23 公顷，整体外形呈扇形，原因是在扇形圆心的位置上，恰好设立了东京市场站，为市场提供了铁路运输。

● 一经捕捞上岸的金枪鱼要立刻放在零下 50℃的超低温冷库中保存，运送到筑地市场后，专门的工作人员会对其肉色进行严格检查和筛选。

✿ 时间到了 1923 年，因为关东大地震，东京市内很多河道运输都受到了影响，日本桥鱼河岸的水路运输也遭到了严重的破坏。于是东京市政府便将日本桥鱼河岸的商铺迁往了更靠近东京湾的筑地附近，开始在这一地区完善批发市场所需的水路和陆路运输环境。筑地市场于 1935 年正式开业，到今年恰好 80 周年。

✿ 筑地市场分为场内市场和场外市场。场内市场主要承担的业务是海产品的竞拍、大中型货物批发、大宗物流以及市场的管理工作。其中最为著名的，当属金枪鱼竞拍活动，这几乎成了观光客早早爬起来前往筑地市场的主要原因。不到凌晨 5 点，几大批发和零售商的采购代表便纷纷来到金枪鱼竞拍场地，开始逐一仔细检查每匹金枪鱼的质量，为之后的竞拍出价做好准备。而等众人开始聚集的时候，就要开始一天中最紧张的竞拍环节了。

✿ 值得一提的是，2008 年以前，场内市场并不对游客进行限制，所以只要去得早，观光客可以自得其乐地观赏。但后来过多的游客给竞拍带来了干扰，他们甚至会伸手去触摸摆放在市场中的金枪鱼，于是筑地市场从那时起，就开始对游客进入场内市场进行限制了。而如果想要参观金枪鱼竞拍的话，更是需要提前一天预约才有机会获得许可。竞拍虽然在每天凌晨 5 点左右开始，但对于筑地市场的职人们，这其实意味着一天的工作接近了尾声。竞拍结束之后，载着金枪鱼的平板车和电瓶车便开始迅猛地在场内市场穿梭，忙着把拍到手的金枪鱼运往分运卡车，或是送到附近的摊位进行解体。这一时间段的筑地市场格外热闹，对于游客来说甚至有些危险。但海产品的鲜度，对这些职人们来说就是安身立命的基础，所以我的建议是，尽量不要打扰他们的工作吧。

◉ 筑地市场金枪鱼拍卖现场。来自太平洋西部、北部，以及印度洋海域的各种金枪鱼，在船舱中经过急冻后被运送至场内市场，在地面上码放整齐，并由工作人员用毛笔在其体表上标明产地，等待 5 点准时拍卖。以手势竞价，商品归出价最高者。

✿ 接近 8 点的时候，场内市场的喧嚣逐渐平静，大多数海产品批发商开始打烊。刚才还生龙活虎地竞拍、运送的场内职人们，脸上也开始出现了倦态。他们换下工作服，三三两两地踱向场内的一些饭馆，准备吃他们一天中的"晚饭"。当然，这些凌晨开业，上午打烊的饭馆不仅仅服务了这些场内市场的劳动者们，也让一些赶早的游客们深为津津乐道。其中最为出名的，莫过于这几家寿司店：寿司大、大和寿司、市场寿司和龙寿司。因为地处场内市场，这几家寿司店被认为拥有最新鲜的寿司食材。而且与市内动辄两三万日元的高级寿司店相比，这里的寿司价位相对亲民一些，所以即使是早上 6 点造访，著名的寿司店外也早早排起了长龙。当然，按照我的经验，来这里吃寿司的 99% 都是各国的游客，毕竟摩肩接踵，赶火车似的吃寿司，也谈不上太好的体验吧。

● 筑地市场场外市场一角，与场内市场清晨 8 点就逐
渐收市不同，场外市场的营业时间持续到下午 3 点，
也有个别店铺营业到晚饭时间。

✤ 在场内市场店面纷纷打烊的时候，场外市场却迎来了一天中最忙碌的时刻。
场外市场，顾名思义，指的是在场内市场周围逐渐形成的，以零售为主的市
场。依托于筑地场内市场的资源，并融进了更多与市井生活相关的，以美食、
观光、土特产品、干货、器具、蔬果和糕点等等为主业的商家，使得场外市场
的氛围，与场内市场有明显的区别。

✤ 以我去过近十次筑地市场的经验来说，直观的感觉是这样的：筑地场内市
场是战场，商家与商家之间、人类与食材之间、顾客与店家之间，都在为资源、
时间、利润进行着默不作声的搏斗。作为感觉敏锐的观光客，在筑地场内你
感受到的是一种压力，身边急匆匆的送货员，不苟言笑专心分切金枪鱼的店
主，甚至是一条条直挺挺躺在地上的金枪鱼，都在用沉默告诉你争分夺秒的
必要。而场外市场的气氛，可谓一片祥和：店家笑眯眯地在摊位前推销早上
刚刚进的海鲜，不时递上一块让你试吃；木鱼干和各种干货在老铺子里悠扬
地散发着香气；小摊门前举着一串串金灿灿的厚烧鸡蛋逛街的人；当然还有
那一份份令人垂涎欲滴的海鲜饭、鳗鱼饭、拉面、寿司……可以说，场外市场
才是以美食为目标的吃货们的归宿。而对于居住在这里的人们来说，筑地场
外市场更是不可或缺的存在。我们作为旅行者看到的大部分是新鲜的海鲜食
材，但真正掌握着日本料理味道的基础调味料：木鱼干、山葵、海盐等等，在
场外市场也都可以找到品质优秀的老铺。

✤ 我们谈起日本的时候，经常会谈到一个词：职人。我想，筑地市场的存在，
其实也是职人文化的一个缩影。无论是场内的批发业，还是场外的零售业，
每家店铺的经营特色和敬业精神都是独一无二的，都在散发着引人入胜的气
息。尽管会有人吐槽场内市场对待旅行者的冷淡的态度，也会有人嫌弃场外
市场的嘈杂，但我想这原本就是职人们各司其职的结果。当你踏上筑地市场
的这片土地，这些气息便会深深地感染你，刺激着你的视觉和味蕾。吃的艺术，
在筑地竟可以如此活灵活现地展现在你面前。

✤ 筑地市场，这座有着 80 年历史的生鲜市场，它不是为游客而生，却成为了
游客们的必游之所。它就是用这种默不作声的态度，处变不惊地等待着你的
发现。

◉ 一家出售着各类干鱼的商铺，像众多场外市场的商铺一样，商品种类繁多，成为外国游客感受日本风情、购买当地特产的不二之选，也是日本当地人起早购买新鲜食材的聚集地。

◉ 一家场内市场寿司店的海鲜丼。筑地市场的寿司店门前经常排长龙，不单单因为菜品丰富，更因为地处市场内部，可以拿到最新鲜优质的寿司食材，与动辄两三万日元的店铺相比，一些价格亲民的店铺似乎更受游客青睐。

除了不得不说的金枪鱼，筑地市场作为世界最大海产交易市场之一，有着丰富和新鲜的海洋食材。金

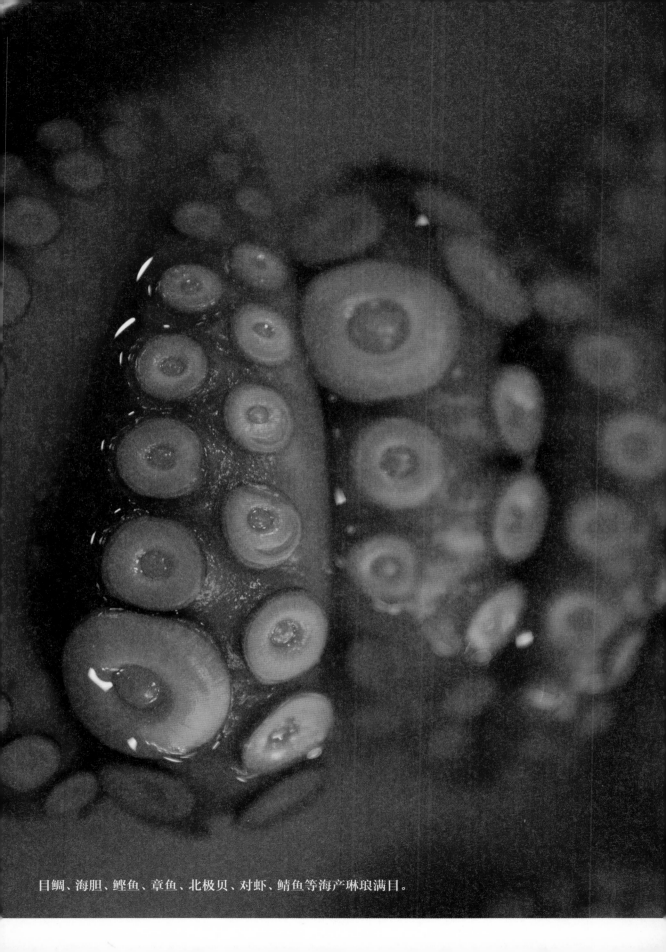

目鲷、海胆、鲣鱼、章鱼、北极贝、对虾、鲭鱼等海产琳琅满目。

⦿ 场外市场的摊贩们严肃干练，几乎没有人会大声兜售自己的货品，很多摊位都是几代传承，经常可以看到"祖父辈"的商贩们在老铺里忙碌，多年如一的品质和信誉已无须多言。

◉ 场外市场全貌。即使错过了最繁忙的市场景象，仍
然不难感受到这座市场的独特活力：鱼贩驾驶着码头
专用货车穿梭，市场内任何时段都熙熙攘攘的人群，
平淡而精彩。

墨尔本市集巡礼：

在市集，呼吸一座城的味道

✳✳✳

陈晗 / text
张青 / photo courtesy

○ 认识一座城，最好的切入点，或许就是当地的市集。尤其在墨尔本，这座有名的"Market Town"中，逛市集犹如呼吸般重要。在这里居住的人们，一代又一代，都对市集有一种莫名的迷恋。○ 贸然揣测，是不是因为在墨尔本，市集的历史几乎和这座城的年龄一样长？1842 年，墨尔本市议会（Melbourne City Council）一成立，就管理和运营起当地多个市集，之中最有代表性的两个，是 Prahran Market 与 Queen Victoria Market。前者年代最久，后者规模最大，但无论去哪一个，你都能觅得这座城市最本真、天然、让人信赖的味道。

◉ 澳洲最古老的市场，是位于墨尔本的 Prahran Market。论规模，它虽比不上号称南半球最大市场的 Queen Victoria Market，但论悠久和食材品质与种类，Prahran Market 要略胜一筹。Prahran Market 以精品食材著称，在品质上层层严选，是"挑剔"的美食家们选购罕见食材的胜地。买不到新鲜的法国佩里戈尔黑松露？去 Prahran Market 试试看。

Prahran Market

Add

163 Commercial Road,
South Yarra 3141,
Melbourne, Australia.

Tel

03 8290 8220

Open

Tuesday	7am - 5pm
Thursday	7am - 5pm
Friday	7am - 5pm
Saturday	7am - 5pm
Sunday	10am - 3pm

● Prahran Market 的业者们，以提供最优质食材和发掘当地产品为荣。从山珍海味到飞禽走兽，从传统食物到珍稀精品，从有机蔬果到手工艺品，不一而足。更别提那些来自业者的"专业建议"：什么季节吃什么食材最好，吃这种食材又应以哪些产地为佳，一次买多少合适，买回去如何处理和烹饪等。

Damian Pike Wild Mushroom Specialist

● 一家专卖各种野生菌类的店，你能在这里找到许多他处难逢的珍稀菌类，当然也少不了法国、澳洲的松露。有时也卖些澳洲本地不太常见的白芦笋、羊肚菌与中国蟠桃。

Market by the water

♣ "Prahran"一词，源自两个土著词语的组合，意为"部分被水围绕的土地"，缘于该地区邻近亚拉河（Yarra River）和一片沼泽地。1856 年，Prahran 地区首个市议会经选举产生。当时的 Prahran，已因其地方小农场与园艺农业而闻名，时常将本地农产品输往墨尔本。只不过这些小农场与菜园市集等，都还较为分散，人们迫切地渴望有一个地方，能将所有商品集中起来，销售者可以集中贩卖，消费者也不必为了购齐食材东奔西跑。于是，1864 年，市议会决定建立 Prahran Market。

♣ 不过，最初建立市集的位置，今天已变成花园与喷泉。19 世纪 80 年代，随着人口急速增长，原始的 Prahran Market 已变得过分拥挤。1881 年，市集正式迁移到 Commercial Road，也就是今天的 Prahran Market 所在地。1890 年，经过一番改造与扩建，Prahran Market 焕然一新，于 1891 年重新开张。

♣ 1923 年，Prahran Market 再次扩建。即使在 20 世纪 30 年代的经济大衰退中，Prahran Market 也未受到丝毫影响，反而成为向失业者们提供杂货、衣服、鞋子等物资的据点。第二次世界大战期间，市集的男人们纷纷赴前线打仗，留下妻儿继续照管生意。农场里的男人们，偶尔会来帮助这些妇人送货。但在 1950 年节礼日（Boxing Day）那天，市集的蔬果区在一场火灾中被毁。火灾后不久，市议会便搭建了一个临时设施做替代，这一临时设施支撑至 1972 年。后来，市议会终于决定重建市集，重建工程于 1976 年竣工，耗资约 650 万美元。

F&J Fruiterers

◉ F&J 致力于提供最优品质、最佳风味的新鲜蔬菜、水果与莓果，种类也十分丰富。

Ripe the Organic Grocer

◉ 专门供应澳洲本地有机产品，所有有机蔬菜与水果都经过认证。同时也提供大量有机日用品与葡萄酒。

◉ 无论经济怎样衰退，其他市集效益如何下滑，*Prahran Market* 始终是澳洲的"食材专家"。你永远都能在这里邂逅意想不到的食材，收获最新的烹饪灵感，获得最高的品质保障。而且，你的每一分消费，都能为当地农业者和农业家庭增加收入，同时促进墨尔本本地食材资源的多样性。

"The voice from above"

✤ 在市集后面，市议会多买了一块地，用来建停车场。开车来的顾客们，常常列队排在停车场通道里，等待前面空出车位。那时会有一个位于市集高处的人，用公众对讲机告知大家哪里有了空车位，人们戏称其为"The voice from above"。

✤ 1994 年，市议会委派一个独立委员会来管理 Prahran Market，市集自此摆脱政治干预。自 1976 年翻新之后，18 年过去了，市集又到了亟需进行主体修复的时期。这次除了修复管道、钢筋结构和重铺地面外，也进行了一些门面美化，比如拆掉原本面向 Elizabeth Street 的旧砖墙，换成玻璃窗，让阳光直接倾泻在新鲜的蔬菜、水果上。市集广场（Market Square）也装上了玻璃穹顶，Elizabeth Street 与 Barry Street 之间还建造了多层停车场。

Queen Victoria Market

Add

513 Elizabeth
Street Melbourne VIC 3000

Tel

03 9320 5822

Open

Tuesday	6am – 2pm
Thursday	6am – 2pm
Friday	6am – 5pm
(General Merchandise to 3pm)	
Saturday	6am – 3pm
Sunday	9am – 4pm

◉ 澳洲最大规模市集 Queen Victoria Market，中文译作"维多利亚女王市集"，又被亲切地叫作"Vic Market"或"Queen Vic"。不仅规模宏大，而且拥有130 年悠久历史。它已成为墨尔本历史性地标，以丰富的食材与服饰杂货和生气勃勃的市集氛围，吸引着世界各地的游客和层出不穷的美食朝圣者。

公墓上的女王市集

◉ 如今 Queen Victoria Market 所在地的大部分区域，在 1837 年到 1854 年间，曾作为墨尔本第一公墓，葬有约 10 000 名早期移民，其中包括 John Batman——最早创建墨尔本的人。1917 年，Queen Victoria Market 已覆盖公墓大半区域，914 具遗体不得不被挖出，重新埋葬于墨尔本的其他墓地。但多数遗体，仍埋在市集今天的停车场下方，而且已找不到关于它们的详细记录。甚至有关这一整座公墓的官方记载，都已在墨尔市政厅的一场火灾中被不幸销毁。

Deli Hall

◉ 号称全墨尔本奶酪种类最丰富的地方之一，无论是本地奶酪还是进口奶酪，你想要的几乎都能在这里找到。

✤ Queen Victoria Market 的正式开业，始于 1878 年 3 月 20 日。此前这片土地上，也开过大大小小各种市集，但都不如这次来得声势浩大。墨尔本有许多市营市集，比如 South Melbourne Market、Prahran Market 和 Dandenong Market。然而，Queen Victoria Market 始终是墨尔本众多 19 世纪市集中规模最大、保存最完好的一个。

✤ 一百多年来，Queen Victoria Market 所在的这片土地，曾经历过墓地、牲畜市场、蔬果批发市场等多重变迁。现如今的 Queen Victoria Market 也非一蹴而就，而是在墨尔本无数市集的兴衰陨落中，一步步成了体系。比如 Western Market，欧洲殖民者定居墨尔本的六年后便兴起，可说是墨尔本最早的蔬果市集，存在了 90 多年，但伴随着墨尔本版图向东部扩张，Eastern Market 逐渐繁荣，Western Market 日益衰落。1962 年，为了修建 Southern Cross Hotel，Eastern Market 也被拆除。

"保护我们的市集！"

◉ 20 世纪 70 年代，由于批发与零售部门的分开，Queen Victoria Market 一度被计划转型成贸易、办公与酒店融为一体的综合体。然而，公众对此提案强烈抗议，并最终使该市集被国民信托组织列入历史建筑。Queen Victoria Market 也才得以保留至今，成为澳洲最大市集和保留最完整的墨尔本 19 世纪市集。

Queen Victoria Market 的 Meat Hall

◉ 肉食品丰富，质优价廉。各摊贩或店主均有专攻，有的主卖内脏，有的主卖香肠，有的主卖猪肉。也有人专门提供适宜意大利或亚洲料理的肉类。另外还有 10 家海鲜摊贩，无论你想买一条鲜活全鱼，还是切好的生鱼片，抑或其他海鲜品种，都能找到合适的店面。

Queen Victoria Market 构成：

◉ Deli Hall、Meat Hall、Fruit & Veg、Organics、General Merchandise sheds、Victoria Street Shops、Elizabeth Street Shops、F Shed Laneway、Vic Market Place Food Court、String Bean Alley.

The Lower Market

✤ 此市集或许是 Queen Victoria Market 中现存最古老的一部分。它原本是作为蔬果市集，建于 1857 年的 Eastern market 旁边，主要为缓解东部市场的过度拥挤。但因其位置不佳，许多农业者都不愿使用，因此逐渐成为家禽饲料市集，直到 1867 年，才被永久认定为正式市集。接下来的一年，它被改造成一座巨大砖造建筑，被定位为"肉食品批发市集"。不过，肉食品批发商们很快便不满于此处的地理位置，纷纷迁往北墨尔本 Courtney Street 的 Metropolitan Meat Market。原本建筑渐渐转型为肉食品零售地、鱼市兼屠宰场。1878 年，该市集开设 G、H、I、J 区域，专门零售水果蔬菜类商品。H、I 区都保留原状，G 区则被改造成现在的 Meat Hall 的装载地，以及公共卫生间区域。原始的 J 区被烧毁，那块区域后成为公共广场。现今的 Deli Hall，是这座建筑中最后落成的部分，建于 1929 年。

The Upper Market

✤ 此处原本未被视为市集，而是用作其他用途，如学校与训练厅等。不过它的主要用途，其实是墨尔本第一公墓。1877 年，维多利亚女王市集的 A-F 区开始在此地的北部修建。1929-1930 年，较大型的 K 和 L 区也在此建成。

生蚝，
来自海洋的
法式深吻

✳ ✳ ✳

王境晰 / edit

特别鸣谢：乌婉华（Joyce Wu），
上海普朗姆蚝吧、
北京斯普汇生蚝餐厅创始人。

○ 生蚝可细分为铜蚝和石蚝。铜蚝肉身绵薄，海水味重；石蚝肉身丰盈，清淡甜美。石蚝全世界皆产，美国、英国、澳大利亚、日本、南非都有；铜蚝主要来自法国、澳大利亚和美国，蚝王贝隆即产自法国。与虾蟹蛤蜊相比，生蚝的鲜美显得颇为倨傲：无须任何烹调，生食生蚝便有难以言喻的鲜腴与甘美。而不同海域中生蚝的鲜又是完全不一样的，蚌壳一开，喷涌而出的海水味浑然天成，或肥或脆或甜或咸，那是来自浪漫诺曼底海的芳香，抑或浩瀚太平洋的流荡。○ 不同海域，因着不同的海水温度和矿物质含量，生蚝的口感也各姿各色。美国、加拿大的较为清甜，肉质鲜嫩，深受亚洲食客偏爱；南非的肉质肥硕，混合着淡淡的奶油味和果香；新西兰和澳洲海域盐分含量较高，生蚝口感偏咸，回甘伴随微微的海藻味；法国的最为复杂，兼有浓重金属味、海水味以及良久的 after-taste。

✤ 生蚝虽说可以生食，但也有些不成文的偏好，比如大部分食客热衷的柠檬汁，可以帮助生蚝降低些许矿物质浓度，中和刺激的味道。调料的话，也有 Tabasco、红酒醋、芥末酱油、蒜蓉等，但是生蚝的死粉们则是一股脑儿地撇开这些，生怕它们掩盖了一丝一毫的鲜味。

✤ 法国人喜白酒佐蚝众人皆知，个人钟爱 Sauvignon Blanc 和 Riesling。《神之水滴》中也有提到 Chablis Premier Cru 与 Chablis Village 两款生蚝配酒，带着海洋和矿物风味的葡萄酒与生蚝相配，放浪又不失清新，实属大好。

◍ 口感按照浓 – 中 – 淡排序

① Belon
✦✦✦ 贝隆生蚝 ✦✦✦

Brittany,France
布列塔尼，法国
Seaweed,Rich,Metallic
海藻 – 丰富 – 金属

② White Pearl
✦✦✦ 白珍珠生蚝 ✦✦✦

Normandy,France
诺曼底，法国
Plump,Cucumber,Succulent
丰满 – 青瓜味 – 多汁

③ Speciales Ostre'or
✦✦✦ 黄金生蚝 ✦✦✦

Normandy,France
诺曼底，法国
Sharp,Transparent,Hazelnut
爽口 – 清透 – 榛果

④ Gillardeau
✦✦✦ 吉拉多生蚝 ✦✦✦

Marne ,France
马恩河，法国
Succulent,Salty Sweet,Rich Melon
多汁 – 咸甜 – 香甜

⑤ Pink
✦✦✦ 粉钻生蚝 ✦✦✦

Tarbouriech,France
塔布里赫，法国
Seaweed,Rich,Metallic
海藻 – 丰富 – 金属

⑥ Special de Bretagne
✦✦✦ 泰龙生蚝 ✦✦✦

Brittany,France
布列塔尼，法国
Plump,Creamy,Brine,Sweet
丰满 – 奶香 – 海水 – 鲜甜

Tia Maraa
✱✱✱ 塔玛拉生蚝 ✱✱✱

Dungarvan Bay, Ireland
邓加文湾，爱尔兰
Milky Sweet, Plump, Seaweed
奶香 – 丰满 – 海藻

Fanny Bay
✱✱✱ 枫岭湾生蚝 ✱✱✱

Vancouver Island, Canada
温哥华岛，加拿大
Sweet Salty, Slight Metallic, Cucumber
咸香 – 微金属 – 黄瓜味

Kusshi
✱✱✱ 库悉生蚝 ✱✱✱

Vancouver Island, Canada
温哥华岛，加拿大
Clean, Delicate, Meaty
清爽 – 微弱 – 醇厚

"撬开蚌壳，嘴唇抵住蚝壳边缘，
轻轻吮吸，舌尖触及蚝肉，
柔软多汁，嗖地一下，
丰富肥美的蚝肉进入口腔，
绵密得宛若一个法国式深吻，
有种令人窒息的冲动。"

《厨房机密》安东尼·伯尔顿

West Coast Virgins
✱✱✱ 处女生蚝 ✱✱✱

Shelton, USA
谢尔顿市，美国
Sweet, Seaweed, Creamy, Smooth
鲜甜 – 海藻 – 奶香 – 柔滑

Kumamoto
✱✱✱ 熊本生蚝 ✱✱✱

Puget Sound, USA
普吉特湾，美国
Creamy, Melon, Rich
奶香 – 甜瓜味 – 丰富

Cape Rock Gigas
✱✱✱ 普岩生蚝 ✱✱✱

Knysna Bay, South Africa
克尼斯纳湾，南非
Metallic, Mineral, Rich, Creamy
金属 – 矿物 – 丰富 – 奶香

Blue Pearl
✱✱✱ 蓝珍珠生蚝 ✱✱✱

South Island, New Zealand
南岛，新西兰
Fresh, Crisp, Cucumber
新鲜 – 爽脆 – 黄瓜味

Pacific Gigas
✱✱✱ 韩国纯金海岸生蚝 ✱✱✱

Golden Bay, South Korea
金海湾，韩国
Brine, Mild, Salty Sweet
海水 – 温和 – 咸甜

又识食材
：
15 种
鲜味加分

✳ ✳ ✳

陈晗 / edit
biiig bear / illustration

Snapper
鲷鱼

❖ 鲷鱼，又名加吉鱼。日本人自古以来就喜爱鲷鱼，因其肉质润白、姿态优美、味道鲜甜。有些鱼为了借助鲷鱼的名气，也被赋予"XX鲷"的名字，但其实在日本，真正的鲷科鱼只有 13 种。其中，日本人最常食用的是真鲷、血鲷、黄鲷、平鲷、黄鳍、黑鲷这 6 种。人工养殖的鲷鱼肉质更加肥厚，但不如天然的鲜美。判断是否为养殖鲷鱼的方法之一，是看外观颜色，鱼身呈鲜红色的为天然鲷鱼，颜色暗淡、体型丰满的为人工养殖鱼。

❖ 从哪儿来？
主要分布于日本北海道南部以南地区、中国沿海、中国台湾、印度洋北部沿岸至太平洋中部等地区。

❖ 如何吃？
真鲷的鱼皮下部尤为鲜美。因此将真鲷做成生鱼片时，最好进行"皮霜"制作，即先向鱼皮浇热水，再用冷水冷却。在充分保留鱼皮的同时，也去掉了皮的腥味。

Reeves shad
鲥鱼

Ayu 香鱼

❖ 长江有"三鲜"，有人说是刀鱼、河豚、鲥鱼，有人说是刀鱼、鮰鱼和鲥鱼。无论哪种说法，已被列为国家濒危动物的长江鲥鱼，是少不了的。明代诗人何景明有诗云："五月鲥鱼已至燕，荔枝卢橘未应先。"鲥鱼为洄游鱼，每年 5~7 月时入江产卵，过时则难觅芳踪，据说正因其来去有时，才得名"鲥鱼"。鲥鱼对水温也要求颇高，过高或过低，都无法生存繁殖。鲥鱼古为纳贡之物，其珍贵，一则因味美；二则因稀罕，捕捞期短。

❖ 从哪儿来？
主要产于中国长江流域，也可见于钱塘江、闽江、珠江流域。但因过度捕捞与环境污染，野生鲥鱼已濒临绝种，现在市场上出现的基本为人工养殖鲥鱼。

❖ 如何吃？
鲥鱼烹时去肠不去鳞，因其鳞下富含脂肪。江苏名菜清蒸鲥鱼，将它与猪网油、熟火腿、香菇、笋尖等鲜味食材一同蒸食，鲜美非常，真味不失。

❖ 香鱼在日语中写作"鮎"，时而也被写作"香鱼"或"年鱼"。写作"香鱼"，是因其体带清香；写作"年鱼"，是因其寿命通常只有一年。野生香鱼十分名贵，寿命短暂，产量稀少，但极受日本人喜爱，古时曾被制成寿司等进贡给朝廷。香鱼是河鱼中的佼佼者，幼鱼是杂食性，成鱼是只吃河苔藓的"素食者"，因此身体散发黄瓜般的独特清香。日本美食家、艺术家北大路鲁山人，就是香鱼的忠实爱好者。野生难求，日本也开始了香鱼的人工养殖，并传至中国。

❖ 从哪儿来？
主要分布于日本北海道西部以南，至九州之间的河流湖泊中。中国也有部分出产。

❖ 如何吃？
夏季的香鱼最美味。而盐烤这种烹调法，与夏季正相宜。烤香鱼不要去内脏，内脏正是芬芳部位，表面撒上盐和胡椒粉简单烤烤，就很鲜香。

Chinese Mitten Crab
大闸蟹

Prawn
对虾

❖ 对虾可说是虾中的代表了。日本人常吃的"车虾"也是对虾的一种。对虾为广温广盐性海产动物，个头大，营养价值和经济价值高，生命力强，无论中国还是日本，都已进行大量人工养殖。而且与难以入手的珍稀食材相比，对虾既"亲民"，又具有无法替代的鲜美风味。

❖ **从哪儿来？**
中国对虾主要分布于中国黄海、渤海、东海等海域，日本对虾则主要分布于北海道以南。中日均有养殖。

❖ **如何吃？**
日本的天妇罗做法，其实能更好地锁住虾肉的水分，并深化对虾的风味。将虾头去掉，虾壳剥掉，背部虾线去掉，裹上天妇罗专用面粉，用180℃的油炸制。

❖ 中国人吃蟹的历史已有几千年，其中大闸蟹备受瞩目。产于苏州阳澄湖的大闸蟹，又名金爪蟹，肉质肥美，黄毛白肚。"秋风起，蟹脚痒，九月圆脐十月尖。"九月食雌蟹，品蟹黄；十月食雄蟹，享蟹身。总之，秋季食好蟹，真是无上的享受。

❖ **从哪儿来？**
中国境内广泛分布于南北沿海各地湖泊。

❖ **如何吃？**
清蒸即可，无须放葱姜调料，因大闸蟹本身并无腥味。旧时苏州人用"蟹八件"吃大闸蟹，优雅细腻，吃完还能拼出一只完整的蟹。

Lobster
龙虾

❖ 龙虾是虾类中体型最大的一类。虾类的营养成分基本差不多，龙虾也是高蛋白、低脂肪，仅有的脂肪也由不饱和脂肪酸构成，易于人体吸收。味道鲜美多汁、肉质洁白细嫩。相传龙虾的长须与曲身，也有长生不老之寓意。日本的伊势龙虾，是高级料理的代表食材之一，但是与中国国内许多养殖龙虾相比，日本的伊势龙虾养殖技术尚不发达，仍旧以天然捕捞为主，因而产量很少。

❖ **从哪儿来？**
主要分布于全球热带水域。

❖ **如何吃？**
"龙虾三吃"：龙虾肉可切片，做刺身生食；也可白灼或椒盐炒制熟食；龙虾头与虾壳还可熬粥。

Short Necked clam 花蛤

❖ 花蛤也称"文蛤"，因壳上有花纹，故被称作"花蛤"。花蛤与其他海鲜一样营养价值丰富，而又物美价廉，是市场上最常见的贝类海产。日本人也爱吃花蛤，以3~5月产的最为鲜美。花蛤无论何种产地，风味都不会有太大变化，只在贝壳质感和花色上有些差异。

❖ **从哪儿来？**
主要分布于中国广东、辽宁、山东、福建等沿海地区，以及日本千叶县以南、北海道至九州沿海地区。

❖ **如何吃？**
可与冬瓜同煮。新鲜花蛤先用淡盐水浸泡8小时，待其吐净泥沙再煮汤。只加冬瓜及简单调味即可，少盐免味精，花蛤本身鲜味已经足够。

番茄 *Tomato*

洋葱 *Onion*

❖ 如果说人们感受到鲜味的主要原因，是食材中含有谷氨酸，那么谷氨酸含量极其丰富的番茄，可谓"鲜味之王"了。其特有的风味，可以消除海鲜和禽畜类的腥臭，并且反增鲜甜味道，是绝佳的天然调味品。同时，番茄皮中含有的番茄红素，还可以抗氧化和预防癌症及动脉硬化。

❖ **从哪儿来？**
原产于中南美洲。对土壤要求不是很高，在全球广泛栽种。

❖ **如何吃？**
为了更好地摄取番茄红素，最好搭配富含维生素E的食物一起吃，如芝麻与花生。因番茄红素为脂溶性，最好用油烹调过再吃，生食则效果欠佳。

❖ 洋葱被日本人称作"西餐里的鲣鱼片"，主要是因其作为辅助食材时风味特别，可去腥解腻，尤其在炒熟之后口感甜润鲜香。洋葱中富含大蒜素（主要成分为二烯丙基二硫），也是造成其独特风味，并使人流泪的主要原因。大蒜素可促进人体对维生素 B_1 的吸收与新陈代谢，有助于恢复体力、缓解疲劳等。

❖ **从哪儿来？**
原产于中亚与西亚地区，在全球广泛种植。

❖ **如何吃？**
炒熟后风味较佳，但因大蒜素会在加热过程中发生成分变化，生食营养效果更好。

竹笋 *Bamboo shoot*

黄豆 *Soybean*

❖ 因竹子生长速度快，笋的实际采集时间很短，尤其讲求时令。"江南鲜笋趁鲥鱼，烂煮春风三月初。"笋四季皆有，但以春笋、冬笋为最佳。春笋应选黄色或白色，质地鲜嫩者，冬笋应选黄中略白者。笋的鲜度至关重要，新鲜的笋越快食用越好，放置一段时间再烹制，则会有涩味。

❖ **从哪儿来？**
原产于欧洲、西亚与南亚、印度。中国的优良笋种主要产于长江中下游和珠江流域、福建、台湾等地。

❖ **如何吃？**
笋可干烧、可油焖、可清蒸、可凉拌，亦可熬粥煲汤。除鲜笋外，笋干入汤也鲜。为减少涩味，鲜笋的保存很重要，若不能及时吃，可先水煮后密封冷藏。

❖ 黄豆起源于中国，是一年生草本植物，也是世界上最重要的豆类。在中国古语中被称为"菽"，种植历史已有五千年左右。黄豆在豆类中营养价值最高，含有大量不饱和脂肪酸、氨基酸、蛋白质以及植物雌激素，对女性身体格外有益。并且，黄豆中"鲜味成分"——谷氨酸也相当丰富，是非常重要的鲜味食材。

❖ **从哪儿来？**
原产于中国，在中国境内普遍种植，以东北地区质量最优。

❖ **如何吃？**
制成豆腐、豆浆，将风味最大限度呈现的同时，易于消化吸收。用黄豆煲排骨或猪脚，也咸鲜醇香。另外，汪曾祺说过："黄豆芽吊汤甚鲜。南方的素菜馆、供素斋的寺庙，都用豆芽汤取鲜。"

Asparagus
芦笋

❖ 芦笋和竹笋关系不大，其实是百合科植物石刁柏的嫩茎，只因形似芦苇与竹笋，因而被称作"芦笋"。芦笋每年萌发 2~3 次新嫩茎，但春季萌发的嫩茎最美味。白芦笋是经过培土软化长成的芦笋品种。芦笋中的氨基酸、维生素含量，远超一般蔬菜水果，是在国际市场上也颇受欢迎的健康食材。

❖ **从哪儿来？**
原产于地中海东岸、欧洲南部等地。20 世纪初传入中国后，开始大量种植生产。中国东北、华北等地区均有野生芦笋。

❖ **如何吃？**
用少量开水加一点盐，将芦笋煮几十秒，即可食用。芦笋的天然清香和煮后的嫩脆口感，已足够回味。挑选芦笋时要注意，茎细且弯曲者，风味欠佳。

Radish
萝卜

❖ 萝卜富含消化酶素与维生素 C，能够促进胃肠蠕动，刺激食欲，还能解毒。通常吃的是其根部，但茎叶也可食用。依皮色可分红、绿、白、紫，白萝卜与红萝卜都比较常见。其中，白萝卜脆甜爽口，微微辛辣，入汤可提鲜。

❖ **从哪儿来？**
原产于地中海地区及中亚。全球范围内广泛种植。

❖ **如何吃？**
萝卜中的消化酶素加热后会变化，因此最宜生食，比如制成生萝卜泥。搭配烤物炸物来吃，去油腻的同时，还能分解烤焦部位中的致癌毒素。但萝卜也讲究鲜度，做成泥后不宜久放，会有异味。

White Mushroom
白蘑菇

❖ 别名口蘑，与香菇相比，含有更多蛋白质、维生素 B$_2$、钙以及膳食纤维等营养成分，同时富含"鲜味成分"谷氨酸，有较浓郁的野生芳香，口感韧滑。

❖ **从哪儿来？**
白蘑菇产量最多的是美国。现在中国内蒙古、河北等地也有广泛培育。

❖ **如何吃？**
白蘑菇切片，平底锅内倒入橄榄油，煎至变色，其香气就被完全释放出来，撒少许盐和黑胡椒，即可享用。

Cheese 奶酪

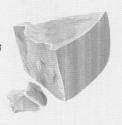

❖ 奶酪又被译为芝士、乳酪、起司等，以家牛、水牛、家山羊、绵羊的乳类为原料制作。奶酪因制作方式和原料等因素不同而品种颇多，颜色从乳白到金黄皆有，风味从奶香到咸香皆宜。如帕尔玛干酪，就明显区别于鲜奶酪，内部硬度高，呈稻草颜色，口味浓郁且偏咸。传统干酪还富含蛋白质、脂肪、维生素 A、维生素 B$_{12}$、钙和磷，以及"鲜味成分"谷氨酸。

❖ **从哪儿来？**
原产地可能为欧洲、中亚或中东，但据说在历史还没被记载以前，就已有奶酪了。当今世界主要奶酪生产地是美国和欧洲地区。

❖ **如何吃？**
直接切小块佐酒，也可加入其他食材中焗烤烹制。

非鲜之鲜
：
细说干货
12 味

✳✳✳

蔡咏 / text & photo courtesy

河海鲜类

淡菜干

淡菜，学名贻贝，中国沿海、北欧、北美、澳大利亚等海域多有养殖。优质淡菜干颜色呈浅黄、金黄色，体大肉肥，质地干燥，味鲜美而带有香气。

✦ 经典料理法 ✦

◀◀◀◀ 香菇木耳淡菜汤 ▶▶▶▶

❶将香菇、木耳、淡菜干泡发洗净；

❷加水烧开，煮香菇、淡菜30分钟，放入木耳煮片刻，撒盐调味即可。

◀◀◀◀ 淡菜皮蛋粥 ▶▶▶▶

❶大米100克，水1升，煮成白粥；

❷入皮蛋150克，泡发好的淡菜50克，煮熟；

❸放少许料酒、香油、盐调味即成。

✦ 泡发处理法 ✦

用温水洗净，清水中泡2~3小时，上蒸笼蒸至软烂。

蚝豉

海蛎子，学名牡蛎，俗称蚝。其干货制品又称蚝豉，分为生晒蚝豉、干蚝及半干蚝三种，以日本产为佳，韩国、中国潮汕等地次之。优质蚝豉干呈金黄色，身干而饱满，无碎块，有蚝香味。

✦ 经典料理法 ✦

◀◀◀◀ 蚝豉煲白萝卜汤 ▶▶▶▶

❶蚝豉泡发洗净；

❷猪骨熬汤，白萝卜去皮切片，芹菜洗净切丁；

❸将白萝卜放入猪骨汤中大火煮沸改中火，入蚝豉，熬煮半小时；

❹加盐和胡椒，撒芹菜丁，盖锅盖关火，完成。

✦ 泡发处理法 ✦

清水浸泡4小时，捞出洗净；沸水煮半小时，去除泥沙杂质。

干贝

干贝，又名江瑶柱，由扇贝的闭壳肌风干制成。干贝种类以日本产的青森贝、宗谷贝以及我国产的青岛贝为主。含有大量谷氨酸，因此味道极鲜美。优质干贝坚实饱满，颜色淡黄，略带光泽。

✦ 经典料理法 ✦

◀◀◀◀ 干贝水晶球 ▶▶▶▶

❶用勺将冬瓜挖成球状；

❷冷水焯冬瓜球至透明，捞出浸入冷水；

❸干贝泡发洗净，加少许水、黄酒，入蒸笼蒸20分钟，取出捻成丝；

❹高汤放入冬瓜球、干贝，烧开，撇沫；

❺加盐调味，用水淀粉勾芡，完成。

✦ 泡发处理法 ✦

洗净，加清水泡10分钟；去掉柱筋，放入容器，加开水、少许姜片和料酒，大火蒸30分钟。

蛤蜊干

蛤蜊干由蛤蜊直接晒干或煮熟后晒干而成，有花蛤、西施舌等品种。其肉质极鲜，曾被乾隆皇帝称为「天下第一鲜」。优质蛤蜊干颜色淡白微黄，盐分轻，口味鲜淡。

✤ 经典料理法 ✤

◄◄◄◄ 蛤蜊拌西芹 ►►►►

❶ 西芹洗净切菱形丁，焯后过凉晾干；

❷ 红尖椒切丁；

❸ 蛤蜊干泡发洗净，蒸熟；

❹ 将西芹、尖椒与蛤蜊拌匀即可。

✤ 泡发处理法 ✤

温水洗净，
在清水中泡 2~3 小时，
捞出，
上蒸笼蒸软。

银鱼干

小银鱼，又称白饭鱼、西施鱼。优质银鱼干，鱼身干爽，色泽洁白或淡黄。需注意的是，若银鱼干的颜色太白，应提防掺有荧光剂或漂白剂。

✤ 经典料理法 ✤

◄◄◄◄ 银鱼干炒蛋 ►►►►

❶ 温油热一下生姜丝，入泡发好的银鱼干，慢火煎至金黄；

❷ 鸡蛋打散，入锅炒熟即可。

◄◄◄◄ 蒸小银鱼 ►►►►

❶ 银鱼泡发洗净，装盘，放少许姜末、生抽，

❷ 入蒸笼蒸熟即可。

✤ 泡发处理法 ✤

温水浸泡，加少许食用小苏打
（500 克水、5 克小苏打）
泡发 3 小时，
再用清水洗净。

虾米

虾米，又称干虾仁、海米。我国沿海皆有产，以渤海、黄海产的为佳。优质虾米虾身弯曲，盐度轻，色泽发亮，肉质紧密，味道鲜中带微甜。

✤ 经典料理法 ✤

◄◄◄◄ 虾米白菜 ►►►►

❶ 白菜叶洗净，腊肉洗净，虾米泡发洗净，摆盘；

❷ 淋些许料酒，蒸熟即可。

◄◄◄◄ 虾米拌豆腐 ►►►►

❶ 嫩豆腐 500 克，切丁，开水烫数次，凉凉装盘；

❷ 沸水烫熟虾米，入酱油、盐、红油、芝麻油、姜葱末拌匀，浇在豆腐上即可。

✤ 泡发处理法 ✤

温水浸泡 30 分钟，
待变软后，
轻柔去除杂质即可。

干香菇

香菇又称花菇、冬菇或香信等。香菇晒干后，其主要鲜味物质鸟苷酸钠的含量，会比新鲜的时候高很多，因此干香菇会比新鲜香菇更鲜美。优质香菇呈黄褐或黑褐色，稍带白霜，菇肉厚实，菇褶紧密细白，菇柄短而粗壮。

✤ 经典料理法 ✤

◀◀◀ **香菇焖鸡** ▶▶▶

❶ 鸡洗净切块，干香菇温水泡发；
❷ 大火热油锅，放入鸡块爆炒；
❸ 鸡块变色后，
入料酒少许和姜块、豆瓣、花椒；
❹ 水分渐干后加入适量水，
没过鸡肉表面，
加入少许盐、冰糖；
❺ 加盖焖烧至六七成熟，
入香菇同烧 15 分钟，
起锅撒少许葱段即可。
🍲

✤ 泡发处理法 ✤

洗净后，用 25~30℃ 温水泡发，
去除泥沙。切忌用热水或冷水。
泡发时，可添加少许白糖，
以减少鲜味流失。

干牛肝菌

牛肝菌又名大脚菇、黄乔巴，种类有白、黄、黑三种。干牛肝菌泡发后口感滑嫩，风味独特，适合搭配肉类烹煮。

✤ 经典料理法 ✤

◀◀◀ **牛肝菌炒肉** ▶▶▶

❶ 猪肉切薄片，裹淀粉；
❷ 牛肝菌泡发切片；
❸ 肉片用大油滑开，
入牛肝菌，加少许水焖；
❹ 入蒜、姜、少许花椒翻炒，起锅。
🍲

◀◀◀ **素炒牛肝菌** ▶▶▶

❶ 牛肝菌泡发洗净；
❷ 少许辣椒酱、醋、白糖调成汁；
❸ 热油锅爆香蒜片，入胡萝卜片煸炒，放入牛肝菌片，倒入调味汁；
❹ 出锅前淋水淀粉，
撒盐和葱花调味。

✤ 泡发处理法 ✤

清水洗净，
泡 1~3 小时。
泡发后水的颜色变深属正常现象。

蔬 菜 类

笋干

笋干按制作方法可分为淡笋干和咸笋干。淡笋干颜色偏黄色；咸笋干偏青色，表面有一层薄盐。

✤ 经典料理法 ✤

◀◀◀ **笋干炖鸭** ▶▶▶

❶ 笋干泡发，洗净切小段，
用热水泡 20 分钟备用；
❷ 鸭肉洗净切块，焯水捞出；
❸ 锅放油，约六成热时入
姜片和鸭块爆炒去腥；
❹ 取砂锅放入鸭肉，
将笋干连同浸泡的水一起倒入，
添加少许料酒，盖锅盖，大火烧开；
❺ 改小火炖 30 分钟即可。
🍲

✤ 泡发处理法 ✤

开水浸泡 10 小时，
再放入冷水中煮至沸腾，焖 30 分钟，
再用水浸泡 2~3 天，
每天换水一次。

干 菌 类

干松茸

松茸古时称为「松蕈」，是一种珍贵的野生食用菌，主产区为云南香格里拉地区。优质干松茸呈「黑顶白脚」，身干体轻，不霉不碎。

✣ 经典料理法 ✣
◀◀◀◀ 松茸鸡汤 ▶▶▶▶

❶土鸡洗净，切大块，
焯水去除血沫；
❷松茸泡发，生姜切片；
❸砂锅中加适量的水煮沸，
入土鸡块、松茸、生姜，
小火炖 2 小时；
❹食用前加少许盐即可。
🍵

✣ 泡发处理法 ✣

干松茸通常有"烘干"和"冻干"两种。
烘干松茸需放入 40℃温水中
浸泡 2 分钟，待其恢复弹性，
即可用于烹饪；
冻干松茸置于冷水浸泡 10 秒左右，
即可恢复弹性。

竹荪

竹荪，又称竹笙。谷氨酸含量高达 1.76%，味道鲜美。优质干竹荪颜色淡黄，气味微甜，没有硫黄味。

✣ 经典料理法 ✣
◀◀◀◀ 竹荪鸡汤 ▶▶▶▶

❶柴鸡半只，洗净切块，
用开水焯烫；
❷竹荪泡发；
❸将鸡块、竹荪、姜片放入砂锅中，
加清水适量，
煮沸后转小火煲 1 小时；
❹食用前加盐调味即可。
🍵

✣ 泡发处理法 ✣

用盐水泡发 10 分钟，
剪去菌体封闭的一端。烧开水关火，
放入竹荪烫 20 秒后取出。

干裙带菜

裙带菜是一种冷水性海藻，在我国主要分布于东北部海域，韩国料理「海带汤」中的「海带」，即多为裙带菜。优质干裙带菜叶宽厚，色浓绿，无杂质。

✣ 经典料理法 ✣
◀◀◀◀ 裙带菜豆腐汤 ▶▶▶▶

❶干裙带菜 20 克泡发，切长条；
❷豆腐 200 克入冷水煮沸，
凉凉切小块；
❸热油锅，入姜末、葱花，
再放入豆腐和裙带菜；
❹加水适量，
煮沸后小火再煮 20 分钟，
加盐，完成。
🍵

✣ 泡发处理法 ✣

温水浸泡 5 分钟，
清水洗一遍，
去除杂质即可。

日本寻鲜笔记

＊＊＊

陈晗 / edit
Dora / photo courtesy

○ 中文有"鲜味",日文有"旨味"。不同的表达,描述的却是近似的滋味,1908 年以前,没人能从科学的角度说得清楚,这滋味到底是什么。直到东京帝国大学的教授池田菊苗发现,这种滋味其实来自一种成分:谷氨酸。日本人这么细究这件事,说到底,是因为他们的确在意料理的"鲜"。有的鲜靠食材本身的风味呈现,如菌类;有的鲜靠特殊手段来凝缩,如干物;还有的鲜,自身已风味绝佳,经职人之手,味道又得以升华,如鱼鲜原材的"江户前"寿司。此番寻得三本书,内容不浅不深,轻巧有趣,恰是关于日本人喜爱的这三种"鲜"。

《日本的菌类 262》
『日本のキノコ 262』

柳泽まきよし　编著
文一综合出版　出版　2009.9.14

❖ 这本小书的作者柳泽,生于 1960 年,本身为摄影师,因受"菌类中毒指导员"的父亲的影响,自小就对菌类兴趣浓厚,多年来持续进行观察、拍摄、调查,最终结集成这一册开本虽不大,信息量却十分充实的小书。无论是对菌类入门爱好者,还是菌类采集者,抑或爱吃菌类的美食家来说,本书都非常实用,且便

于携带。本书虽主要围绕日本现有的 262 种菌类进行介绍,但常见的都已在内,而且包含菌类辨识方法、分类图鉴、采集方法、料理提案等知识,对入门者来说已足够详尽。

❖ 菌类家族成员庞大,很多入门学习者都曾抱怨记不住。但其实比起一些构造复杂的植物来说,菌类已算是易于通过肉眼观察辨别的生物了。这本书首先介绍了几个基本辨

别要点:①确认其生长环境;②观察整体形状、颜色与质感;③观察菌盖内外侧与柄部特征;④观察菌褶和菌肉的状态;⑤观察是否有汁液,菌肉是否变色等特殊细节。常见的伞菌类多由菌盖、菌褶、菌柄三部分构成。另外还有多孔菌类、腹菌类、子囊菌类等。

❖ 书中有各种信息图表,比如介绍不同菌盖形状的图示。伞菌类菌盖中比较典型的有半球形、馒头形、中高平形、平形、中丘形、圆锥形、吊钟形、盘子形、漏斗形、扇形、半圆形等。菌盖表面外观也有多种,如疣状菌盖、鳞状菌盖、粉状菌盖、线状菌盖等。

❖ 书的中间部分为 262 种菌类图鉴,及具体特性介绍,紧随其后的是饶有趣味的菌类采集方法。菌类采集需要的道具很简单:一个竹筐、一把小刀即可。竹筐透气性好,不容易影响菌类品质,还有沿途将孢子散布在林中的作用。散布孢子是菌类的使命,或多或少地帮助它完成使命,也算是对菌类的礼貌。服装方面,适宜山中行走的长袖长裤和登山鞋最佳,轻装上阵也很重要。采集菌类时,用手指伸进菌柄下部,将其推出土面,采集到的形状会比较漂亮。为了能在采集时就将根部的泥污去掉,可备一个小型毛刷。

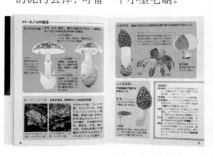

《蔬菜干物百科》

『干し野菜百科』

滨田美里　著

河出书房新社　出版　2011.7.21

♣日本料理研究家滨田美里，生于广岛县，毕业于上智大学。自大学时代，就开始寻访、品尝世界各国料理与日本的乡土料理，后成为专职料理研究家，为多本杂志撰写专栏。这本《蔬菜干物百科》，汇集了她多

年总结的"干物"心得：66种蔬菜的切法、风干法、保存法，与82种简易蔬菜干料理提案。

♣与新鲜蔬菜相比，经过阳光充足照射的蔬菜干，不仅口感独特，更易保存，鲜味与营养也会提升。那么蔬菜干该怎样制作呢？滨田以胡萝卜为例，解说了将大部分蔬菜制成蔬菜干的基本方法：①清洗蔬菜；②切分蔬菜（滨田为完整保存蔬菜营养，皆不去皮）；③排列摆放于竹笊篱上；④晒干，为让蔬菜每一面都充分沐浴阳

光，偶尔要上下翻面。半干需晒几小时，全干需晒数天；⑤完成。放进保鲜袋或保鲜容器里，半干状态需用冰箱冷藏，全干则常温保存即可。

♣要制作美味的蔬菜干，两大因素至关重要：阳光与风。因此，应使用既不遮挡阳光，通风性又好的笊篱。竹制、金属制皆可，用来晾置刚做好

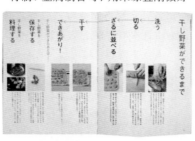

的点心或炸物的网盘也可以。为使笊篱下部也能通风，放置时，底部不要直接贴于桌面，尽量架出一些空隙。另外，不妨试试晾衣物用的网袋，还能防止晾在窗外的蔬菜被小鸟小猫偷食。最适合晒蔬菜干的场所，是日照充足的庭院或阳台；最适合的季节，是干燥寒冬，或和风徐徐

的春季与水分蒸发快的夏季。梅雨时节最不适宜。时段也要注意，清晨阳光好时拿出去晒，夜晚湿气重时应收回来。

♣这本不仅包含丰富的蔬菜干种类，也介绍了几种常见水果的风干方法。比如草莓，草莓干便于保存，风味浓郁，用它烘焙点心时还能增加特别口感。草莓干制作方法：洗净，纵切两半，切面朝上晒2~3天，放入保鲜袋后，冰箱冷藏可保存10天左右，半晒干只需半天，冷藏可保存约3天；也可横向切薄片，晒1~2天，放入保鲜袋，冰箱冷藏约可保存2周，半晒干只需2~3小时，冷藏可保存5天左右。

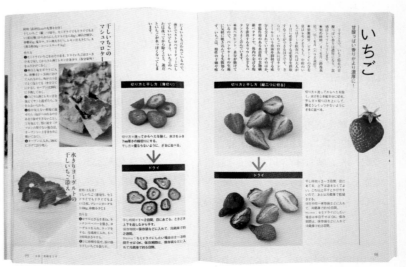

《筑地鱼河岸 寿司食材手帖》

『築地魚河岸　寿司ダネ手帖』

福地享子 著　世界文化社 出版　2014.9.18

✤ 著者福地享子，曾在日本《妇女画报》担任编辑，现为筑地市场文化团体"筑地鱼市场银鳞会"的事务局长，业余时间也在杂志撰写关于鱼类的专栏，并在NHK广播中担任一档《鱼话》节目的固定评论员，由她撰写的这本薄薄的"手帖"，轻松愉快，又不乏深度，作为认识日本寿司的入门指南正

合适。本书介绍了筑地鱼市场里常见鱼鲜制作的寿司，总计61种，88贯[1]。通过筑地寿司职人制作的各色寿司，来了解日本寿司基础的同时，也能感受到浓浓的"江户前"遗风。

✤ 该书将寿司食材主要分为7类：红肉类、青光鱼类、白肉类、贝类、虾·虾姑类、墨鱼·章鱼类、煮物·鱼子·其他类。红肉代表当然是金枪鱼，此外，四鳍旗鱼、鲣鱼、三文鱼也是主要红肉寿司食材。该书不仅介绍各种食材与制成寿司的特点，也会讲许多有趣的关联知识，比如江户人虽爱鲣鱼，起初却只将它做

成刺身，鲜见鲣鱼寿司。原来是因鲣鱼的鲜度流失极快，而那时的寿司店若卖鲣鱼寿司，一天都用不完一条鲣鱼，余下鱼肉留到第二天就会不新鲜，尤其是在保鲜技术还不发达的江户时代。

✤ 书中也介绍了筑地市场的活鱼拍卖场景：批发商们站上拍卖台，先脱帽行礼，接着开始拍卖。拍卖者大声喊出序号，几秒钟就定下价格。竞拍者始终无言，只用手势表示出价，这种手势被称作"手枪"，意为"像举枪那样豪迈地伸出手"。为了

进一步加快拍卖速度，筑地市场也曾导入电子竞拍系统，但最终发现，还是"手枪"更快一点。

✤ 为这本书捏制寿司的，是筑地寿司老铺"寿司清"，诞生于1889年的日本桥鱼河岸市场。随着日本桥鱼河岸市场迁往筑地，"寿司清"也移至筑地，成为"筑地寿司清"。现在虽也面向一般顾客，但在过去主要对象是食材采购商，那些一大清早就开始避免花冤枉钱的人。他们清早来吃寿司，主要目的是探探当天鱼市的行情——哪些鱼又鲜又便宜，以免盲目地采购。

---

1 贯：日本寿司的计量单位，原本是重量单位，现在1贯多指1个寿司。

自给自足
Self-sufficiency

食帖
WithEating

别 册

狼与鹭的
小院子，
小日子

Chapter 2

黄鹭／text & photo

p r o f i l e

photo by 张时伟

狼与鹭是夫妻，现居于北京乡下小院。狼是漫画作者，曾骑行全国。鹭是摄影师，曾独立出版作品集《亲爱的小孩》。

快十月的时候，我在骑车去工作的路上发生了意外，左手骨折。中医接骨，打上石膏，要求静养。推掉所有拍摄工作，在家里被狼君照顾：看看书，写写书法作业，五脊六兽时两个人斗斗嘴，去东院做简单的农活——幸亏伤的是左手。我飞快地适应了受伤后的生活，深感是老天安排我搞清楚，乡下生活究竟"长"什么样儿。坐在家中，十点以后胡同里会陆续开始有叫卖声，每天都有一位大哥亲口叫卖油饼、烧饼、老豆腐，他家老豆腐指的是豆腐脑。另有一位大哥，每天早上八点

◁ 吃过的橙皮晒干，准备做糖渍橙皮。

会在村中心大槐树下，卖我们常说的老豆腐，一小时后他就去其他村子了。下午又有一位大哥走胡同，用录音机叫卖"豆腐——豆腐——"，到我家胡同时总是下午四点来钟。他家豆腐好吃，我们常买，有一次问他几点做豆腐，他回答凌晨三点，于是更经常买了，而且尽量多买，天气越来越冷，希望他早点卖完回家。

十月中旬，因为去台湾旅行而关注起堆肥的叔叔，他帮我在东院挖了三个堆肥大坑。深秋时候，把各种秧子都清了埋在坑里，院子收拾得妥妥的，只剩下自己种的一小块儿地。雪里蕻收了腌起来（没有成功，坏了），茴香长得不高但也够包饺子了，非常好吃！有一种菜没有发出来，我竟然不记得是种了什么了，反正小白菜和菠菜长得不错，被朋友夸好甜，新农妇心里别提多美了。

手伤后，除了复检和两周一次的书法课，几乎不进城。朋友们偶尔来看我，十一月中旬的一天，天气阴转晴，东院十二个大人，六个孩子，吃火锅，喝热茶，用柴火烤白薯、土豆，大人孩子都吃美了玩美了。第二天气温骤降十度，东院没有暖气，必须放水防冻，放水结束回到西院，北风在窗外呼啸，卷起风沙不断敲着玻璃窗。但阳光大好，坐在西院白天最温暖的厨房里，我一只手在键盘敲下一连串的文字，感叹日日是好日，老天总是给我们最好的安排。

东院断水后，朋友们来得少了，狼君全力投入到第一本骑行绘本的创作里，我也正式接管厨房，负责后勤保障。每天七点起床，他生锅炉，我做早饭，天渐渐亮起来时我们就已吃完早饭了。早饭后，他开始画画，我做我的：写毛笔字，或者看书，或者瞎忙活。中午阳光最好的时候，我开始做午饭。原本对厨房没有好感，因为成长过程中没有关于厨房和美食的愉悦记忆，家里人非常不讲吃究。但我生来是有口福的人，近十几年，一个人在外工作生活，遇到太多热爱食物，通过食物传递积极生活态度的人，在我的拍摄工作中，也经常吃到各地的家常菜。曾有采访人问我："拍了那么多家庭生活，觉得幸福家庭有什么共性？"我的答案是，他们通常是自己做饭的。在这样的天然熏陶下，我站在厨台前便犹如大厨附体，两个人顿顿都吃得很满足。这么说肯定夸张，但除了每两周进城一次，其余时间三餐都在家吃，即便不够丰盛，也要给自己点个赞！

每天午饭我们都吃得很认真，标
配是两菜一汤，一杯小酒。

曾有采访人问我："拍了那么多家庭生活，觉得幸福家庭有什么共性？"我的答案是，他们通常是自己做饭的。

事实上，我们真吃得不错。我们很注意食材，也尽量是应季的，三五天食米之后，狼君会和面做手擀面，或者莜面，还包饺子、做馅饼。这个冬天的惊喜之一，是自己地里最后一茬西红柿熬的酱，无论炖骨头汤、熬排骨土豆（排骨土豆都先煎过），还是做豆腐煲，都让吃的人边吃边笑。惊喜之二是鬼子姜咸菜大受欢迎，赶集时五元收了一大袋鬼子姜，用酱油和盐腌了十天，又脆又咸香，配粥、配蛋炒饭，都是幸福指数很高的一顿早餐或晚餐。送给了一些朋友，都是美食达人哟，他们都说好，还要预约明年的呢。还有一个惊喜要记下来，炉子烤红薯——最佳的饭后甜点。把红薯扔炉子里一小时，个个吃得一手一嘴的黑，边吃边说："好甜啊！"

十二月二日，气温降到零下十度，西院房东怕水管冻坏，就每天上午十点半给水，下午五点停水。于是每天十点半开始洗前一天的碗，然后做饭，每天下午五点前都洗漱完毕，留好刷牙水，六点多晚饭结束，碗堆在水池里第二天洗。这样也挺好，夜晚好像更长更安静了，他继续画画，我继续写字或看书。

每隔一天，狼君都去东院拉一次煤。

就这样，2014 年过去了，2015 年到来了。

北京终于迎回一个雾霾比较少的冬天，因为北风比较多，气温比较低吧，我愿意更冷，我愿意。

当初搬进来时，狼君否定将房东刚铺的地砖改成地板，也没有额外添加取暖设备，他认为不应浪费资源，具体要加什么，住一冬天再定。到了冬天，没有做保温层的房子，暖气烧得很烫手了，屋里也始终上不了十五度。狼君每天卖力地烧锅炉，觉得最新流行词"暖男"就是说的他。我们关掉几间屋子的暖气，只留下厨房、工作室和挨着锅炉房的客房——整个冬天我们一直睡在客房里。虽然冷点儿，又经常停水，但我俩都觉得也

还能过，改造的事情还是留在开春后。下一个冬天要换个大锅炉，不用他一天六七次去加煤捅锅炉，有几个房间的暖气片换成宽片的，客厅再加个壁炉，肯定很暖。想到明年会暖起来，那个小希望好像有温度似的，也暖了现在的我们。后来好朋友送了个暖风机，虽然小但是挺管用，工作室有了它，终于十八度了。十八度，很舒服的！

二月四日立春，因为要提前回家过年，我们先布置了北京的家，贴上自己写的春联，自己刻的小羊和吊钱儿，和春天说你好。

{ fin }

立春这天，我们在东院，狼君刻窗花，我写对联。

狼君刻的羊年窗花。

罗勒,
意大利菜的
"半个灵魂"

王梓天 | text & photo courtesy

罗勒

✦ 花语 ✦	协助
✦ 花期 ✦	7~10 月
✦ 习性 ✦	喜暖喜光, 土壤以肥沃为佳, 低于 20℃ 则发芽缓慢。耐寒性弱。
✦ 株高 ✦	20~80cm
✦ 原产地 ✦	印度
✦ 繁殖 ✦	播种 (属于中粒种子, 可用育苗块或者穴盘播种, 每穴 2 粒, 或者直播)、扦插。
✦ 发芽适温 ✦	20~30℃
✦ 出芽时间 ✦	5~10 天
✦ 生长适温 ✦	20~35℃
✦ 利用部位 ✦	叶、花、种子
✦ 食用功效 ✦	对感冒、消化不良等疾病有疗效, 还有通经、解热的效果。但是于我而言, 最重要的是用于食物料理。

profile

王梓天
非典型射手座。生活关键词：园艺，美食，摄影和写作。以园艺为梦想，曾出版《小阳台大园艺》《FUN 心玩香草》等园艺类书籍。

这种在厨房种植香草的情况在欧美非常普遍，叫作 Kitchen Garden，不仅可以美化家居，为家里带来一抹绿色，也可以让我们吃得更天然、更有机。

"香草之王"罗勒是一个品种众多的大家族，不同的品种有着相似或不相似的香气。建议大家多种几个品种，从中筛选出自己最喜欢的味道来年扩大种植。

几乎所有的罗勒种子在遇到水之后都会形成一层透明胶质。播种时不必催芽，直接把种子放在清洁的土上，覆盖 2~3mm 的细土或者蛭石，浇透水即可。发芽前要保持介质的湿润，这样用不了多久罗勒小苗就会发出来了。

不同品种的罗勒打理方法也不太一样。比如甜罗勒、大叶罗勒这一类分枝性差的，需要经常人工打顶，去除顶端优势。简单说来就是用剪刀把植株最上端的嫩枝去掉，这样可以促进旁边的侧枝生长。不用担心会剪死，合理的修剪会让植物越长越旺盛。然而有的品种，例如肉桂罗勒、丁香罗勒这一类自身分枝性很好的品种，几乎不需要人工修剪就可以长成很大一簇，当然前提是你得把它种在足够大的盆里，这样植物才可以吸取到必需的养分。家庭种植通常用口径 20cm 左右的盆就可以，当然，如果地栽的话，植物就会长得更大。

罗勒是原产于亚洲热带地区的香草，因此即便是在国内湿热的夏季也不必太过担心。一般三月下旬播种，五月就可以开始收获叶片，收获期能长达半年。罗勒喜光，是长光照植物，光照越充足，它给你的回报也越丰厚；反之不但植物生长不良，叶片由于精油合成不足，香气也会淡很多。新手牢记，土干了就可以浇水了。一旦叶片有些蔫的时候就要赶紧浇水，罗勒的叶片一旦缺水，损伤是无法恢复的。

关于施肥，建议使用完全发酵的蚯蚓粪，一来养分充足，二来即使完全发酵也没有异味，这一点对于居家园艺特别重要。追肥在五月开始使用，一个月两次就好。追肥建议使用液肥，买来后根据使用说明按照一定的倍数稀释使用。需要注意浓度配比，宁低勿高。

罗勒总体说来属于易种植香草，只要给予它必要的养分、阳光和水分，它就可以长得很好。可以在阳台或者厨房窗台种上不同品种的几盆，料理食物时用起来也方便采摘。这种在厨房种植香草的情况在欧美非常普遍，Kitchen Garden，不仅可以美化家居，为家里带来一抹绿色，也可以让我们吃得更天然、更有机。

拉拉特罗勒 Ararat Basil
颜色好看，气味相对柔和，适合点缀沙拉及摆盘。

罗勒海鲜意面

　　罗勒在美食方面有着诸多应用。说起来有趣的是，罗勒和番茄是一对共生植物，在番茄附近种上罗勒，可以让罗勒长得更好，而罗勒的味道也会为番茄驱走害虫：这种共生关系也许是意大利人烹饪的灵感源泉。如果说意大利面是意大利菜的符号象征，那么罗勒和番茄就组成了意大利菜的灵魂。下面这道罗勒海鲜意面，为了更符合国人的口味，我做了自己的改良。

⇦丁香罗勒 Ocimum Gratissimum Linn
　　有独特的丁香味，中国南方做菜多用此品种，台湾常说的"九层塔"也多指此种罗勒。

◄◄◄◄ **食材** ►►►►

✤意大利面 / 100g

✤新鲜罗勒枝条 / 2 根

✤番茄酱 / 30ml

✤大蒜

✤大葱

✤小番茄 / 100g

✤大虾 / 6 只

✤蛤蜊 / 15~20 只

✤蛏子 / 10 只

✤珍珠洋葱 / 10 个

✤橄榄油 / 15ml

✤鱼露 / 1 大勺

✤白葡萄酒 / 1 大勺

✤海盐 / 适量

＊＊＊

◄◄◄◄ **做法** ►►►►

❶ 蛏子和蛤蜊先焯水，
目的是让它们开口。

❷ 同时意大利面下水煮，
水沸腾后继续煮
5~6 分钟。

❸ 蛏子和蛤蜊焯水后捞出，

用手去掉蛏子身上的
一条黑褐色的线。

❹ 大葱取 3~5 厘米切成片，
不喜欢大葱者可以不加。

❺ 新鲜罗勒切成碎，
老的罗勒梗去掉不要。

❻ 小番茄切成瓣状。
我用的小番茄是
自己种的。

❼ 锅里倒入橄榄油，
下葱蒜爆香，加入海鲜翻炒。

❽ 倒入鱼露、白葡萄酒。

❾ 鱼露有咸味，
所以这时候要尝一下味道，
如果淡了，可根据个人口味
稍加一些海盐。

❿ 加入切好的罗勒碎，
翻炒约 1 分钟。

⓫ 倒入番茄酱。

⓬ 加入意大利面一起炒。

⓭ 翻炒约 2 分钟熄火。

⓮ 装盘，把切好的
小番茄摆在周围，
再放上珍珠洋葱。

罗勒海鲜意面食材准备。

蛏子和蛤蜊焯水。

新鲜罗勒切碎待用。

海鲜下锅翻炒后,先后加入鱼露、白葡萄酒、罗勒碎。

翻炒 1 分钟左右,加入番茄酱。

加入意大利面后翻炒 2 分钟左右。装盘后，放上珍珠洋葱，用切好的小番茄瓣摆盘。

⇨ 肉桂罗勒 Cinnamon Basil
具有薄荷和大叶罗勒的丁香气息，适合与肉类搭配做汤或烧烤。

SWEET BASIL
DELICATE SWEET FLAVOR,
SLIGHTLY FLORAL.THE
MOST FAMILIAR BASIL IN THE U.S.

甜罗勒
美国最常见的罗勒，具有细腻的甜香味和
轻柔的花香。

THAI BASIL
MINTY,LICORICE FLAVOR

泰国罗勒
具有薄荷与甘草香气。

DARK OPAL BASIL
SLIGHTLY SPICY WITH
A HINT OF LICORICE

紫叶罗勒
具有近似甘草的药草香气。

LEMON BASIL
LOVELY LEMON FRAGRANCE.
OFTEN ADDED AT THE END
OF COOKING TO PROTECT
ITS DELICATE FLAVOR

柠檬罗勒
具有可爱的柠檬芳香，通常在烹饪
快结束时入菜，以最大程度发挥其
香气。

   **WithEating** 别册

REGULARS

Restaurant

东京有家
"蛋餐厅"

新晨间生活方式倡导者 eggcellent

陈晗 / text & edit
株式会社 eggcellent / photo courtesy

⊛ 神宫司还在从事空乘的时候，就想出了"eggcellent"这个名字。国外用餐时，常听到别人夸赞美味时说："Excellent！"她又尤其喜欢蛋类（egg）早餐，索性做个组合，"eggcellent"就此诞生。

"鸡蛋"餐厅，没有鸡蛋？

⊛ 2014 年 2 月，日本东京遭逢 20 年一遇的雪灾，一连数日，交通堵塞。原本应从山梨县黑富士农场运往东京一家餐厅的有机鸡蛋，无法送达目的地。这意味着，这家每天使用黑富士农场直送有机鸡蛋的餐厅，一时半会儿将无法获得鸡蛋供给。其他餐厅没有鸡蛋也罢，但这家餐厅从店名 "eggcellent" 就看得出来，主角就是鸡蛋，菜单上大部分餐点的制作，都少不了鸡蛋。

⊛ 有人建议："不如去超市里进购一些普通有机鸡蛋吧？总不能因为没有鸡蛋，就不做那些料理了呀！"餐厅创始人兼总经理神宫司思考良久，让店员在门口贴了张告示："因为没有鸡蛋，暂时无法做蛋类料理。"

⊛ "没有鸡蛋"的状况持续数日，这几日营业额和客流量大幅度下滑。一家主打有机鸡蛋的餐厅，居然"没有鸡蛋"？任谁见状，都会败兴而归。神宫司并非不知道这么做带来的损失，但她坚信，使用精挑细选的有机农场鸡蛋，是 eggcellent 的信条之一，背弃信条，才是最大的损失。此时，eggcellent 开业不过数月。

年仅 29 岁的神宫司，和她好不容易创立起来的 eggcellent 一起，沉默地捱过了这场突如其来的"暴风雪"。

元气满满，新晨间生活方式

⊛ 在创立 eggcellent 之前，神宫司是一名"空乘"，职业练就了她美丽、优雅的外表，也让她深谙"服务"之道。她告诉自己的员工："对于熟客，不要每次都问他们咖啡加不加牛奶。"无论是熟客还是初次光顾，只要走进 eggcellent，就会感受到平和安心的氛围。餐厅经理会用不造作

◉ eggcellent 主打"能量早餐",倡导充满元气与创造力,而非匆忙敷衍的晨间生活方式。

2014 年 11 月 5 日,在日本东京六本木 HILLS 正式开业。创始人为"神宫司希望"。

也无负担的方式,问候每一个人。去过的客人都说,eggcellent 有一种治愈力,那里的食物,或许就是所谓的"Comfort Food"(治愈系食物)。

◉ eggcellent 主打有机优质食材制作的"能量早餐",比如酱汁浓厚的班尼迪克蛋、松润温暖的独家配方 pancake、以栃木县千本松牧场直送牛奶为原料的自制酸奶……神宫司自己,每天早上都要吃 1 升自家酸奶,这也是她在繁忙工作中仍维持着姣好外形的秘密之一。

◉ 开这一家店的念头不是从天而降,也不是神宫司厌倦了"空中生活",而是自大学时代起,就怀揣的梦想。她一直是美食狂热爱好者,身边朋友都说,想知道哪里有什么好吃的,去问神宫司就好了。本想大学毕业就开店,但为完成母亲的

心愿,她成为了一名空乘。之后回想,正是这份职业,让她得以品尝世界各地的美食,也让她感受到不同国家的人们,在晨间生活方式上的差异。

◉ 早餐文化是构成一个地区人文风貌的重要部分,早上可以做什么、跟谁用餐、吃什么,这些都是很重要的事。日本家庭并非没有早餐文化,只是外面的餐厅,每天很早就开始营业的寥寥无几。大多数日本上班族,都在交通工具与路上的奔忙中匆匆地度过早晨。为什么不早一点起床,去吃一顿可口的早餐,见一个想见的人,在一天的开始,去做一些想做的事?为什么不元气满满地享用"早晨"?神宫司迫切地想将她在别处体验到的晨间生活方式,带回日本。

◉ 大学时代的梦想再度清晰,她一边飞来飞去,一边想出了"eggcellent"

这个名字。在国外用餐时,常听到别人夸赞美味时说:"Excellent!",她又特别喜欢蛋类(egg)早餐,索性做个组合: egg+cellent=eggcellent。她还写了份详尽的 eggcellent 企划书随身携带,跟遇见的每个朋友大聊特聊,哪怕对方已经不耐烦。

◉ 终于某一日,曾经跟她"聊"过的一位食品制造商,突然跟她说:"有家公司,想和时下流行的 pancake 类餐厅合作,我跟他们说了你的计划。"食品制造商口中的那家公司,就是日本大名鼎鼎的 REVAMP,其合作品牌包括 1937 年创立于美国、现已全球闻名的甜甜圈连锁品牌 Krispy Kreme Doughnuts。REVAMP 主要为合作对象提供公司运营策略、技术、资金、人才等多方面支持,其社长泽田贵司,原本只想

◎ eggcellent 东京六本木 HILLS 店入口。"鸡蛋"元素渗透进店内各个角落。

◎ 早晨的利用方式多种多样：和工作伙伴相约吃早餐，增进沟通；和喜欢的人一起吃早餐，彼此打气；一个人的早晨，也可以吃一顿可口早餐，读读喜欢的书。eggcellent 从早上 7 点开始供应早餐，希望为顾客营造最理想的早餐环境，让每个人在这里，开启充满能量的一天。

寻找一家做 pancake 的餐厅，但与神宫司沟通过后，他被神宫司的"新晨间生活方式"这一理念深深吸引。更重要的是，泽田一直认为，能驱动事业成功的人身上，必须要有"发动机"，他敏锐地察觉到神宫司是具备这种创业特质的人。

⊛ REVAMP 开始和神宫司着手实现 eggcellent 企划：寻找店面、研发菜品，耗时一年，eggcellent 终于在东京六本木 HILLS 正式开业。开业的日子选在 11 月 5 日，因为这一天是日本的"好鸡蛋日"（いいたまごの日）。

● 神宫司的梦想计划十分明确。eggcellent 不是凭空出世，而是她多年来时刻铭记，不放弃任何一个机会，才最终实现的梦想。

Recipe

寻常鲜
：
猪油与酱油
葱香猪油拌饭
&
鲷鱼焖饭

＊＊＊

野孩子 / text & photo courtesy

⊛ 我从小在长江边长大，靠水吃水，餐桌上从来都是各色江鲜。最爱吃刀鱼，小时候刀鱼未像现在这么金贵，清明节前家家户户桌上总有一道清蒸刀鱼，肉质入口极化，鲜美无比。拆下来的骨头拿出炸一炸，也是极好的下酒小菜。这几年大家穷凶极恶地吃，体型大一点的刀鱼已然是炒到天价，不再是寻常百姓家的菜色。但是，一点都不要紧。冬天的大闸蟹、春天的腌笃鲜、夏天的小葱嫩蚕豆、秋天的菱角，每一样都是鲜掉眉毛的家常菜色。当然还有一样一年四季都让人欲罢不能的调味料，那就是酱油。

⊛ 对于酱油的喜好，可能来自于祖辈的遗传。爷爷年轻时拥有一个酱园，酿造酱油以及制作大酱。爷爷喜欢吃，也很会吃，小时候有种流行的面点叫老虎脚爪，每次他买回来的都特别好吃。我百思不解，央求着问了好半天，爷爷才告诉我，因为每次他都吩咐老板，他的那炉要加猪油做。

⊛ 猪油和酱油简直是中华料理的两大法宝，前者提香、后者提鲜。潮州的腊味煲仔饭、福建的煎蚝仔，甚至是海南鸡饭，好吃的秘诀都在那一勺猪油。而酱油更不用提。蔡澜自称酱油怪，随身携带私家头抽，他甚至说过："任何难吃的东西，有一点上等的酱油，都会变成佳肴。"

⊛ 好的酱油真正可以用"一滴入魂"来形容，我曾经买到过台湾西螺出产的荫油清壶底油，所谓荫油是台湾特有的一种用黑豆酿造的酱油，而壶底油就是所谓的头抽了。头抽是整缸酱油的精华所在，豆类发酵后产生的氨基酸带来的香气微妙而迷人，这样纯天然的鲜味是任何合成的添加剂都无法取代的。

⊛ 可惜现在市售的酱油里很多都人为添加了谷氨酸钠（味精的主要成分），是以旅行的时候，总是要去找一找当地的酱油，千山万水地背回来，毕竟，刀鱼不常有，酱油倒是可以随身带嘛！

猪油和酱油简直是中华料理的两大法宝，
前者提香、后者提鲜。

葱香猪油拌饭

◄◄◄ 食材 ►►►

❧ 猪油

❧ 红葱头

❧ 米饭

❧ 酱油

***

◄◄◄ 做法 ►►►

❶ 制作葱香猪油：将红葱头切丁后放
入滚烫的猪油炸至金黄色，捞出来放
在吸油纸上滤干即可，
冷却后密封保存。
这就是台菜的灵魂之一"油葱酥"，
佐面、佐饭、入菜皆为一流，
香酥可口，回味无穷。
熬过油葱酥的猪油即为"葱香猪油"，
冷却后可以贮存在冰箱里。
是拌面拌饭的最佳选择。

❷ 煮过的热米饭，
舀上一勺葱香猪油，撒上油葱酥，
再点上少许酱油，趁热拌开，
是无比满足幸福的好滋味。

鲷鱼焖饭

◄◄◄ 食材 ►►►

❧ 鲷鱼／一条

❧ 鲷鱼柳／少许

❧ 大米／两人份

❧ 生姜／小半块

❧ 芝麻油、料酒、
白胡椒粉、盐／适量

❧ 芝麻盐／少许

***

◄◄◄ 做法 ►►►

❶ 制作腌料：生姜切末，将芝麻油、
料酒、白胡椒粉、
盐以及生姜末混合均匀。

❷ 鲷鱼以及鲷鱼柳洗干净后，用厨房
用纸擦干。将鲷鱼以及鱼柳用
腌料腌制 15 分钟以上。

❸ 腌制鱼的时候，用电饭锅正常煮
饭，等到饭快煮熟的时候（水分几乎
收干），将腌制好的鲷鱼以及鲷鱼柳平
铺在米饭上，焖 10~15 分钟。

❹ 吃的时候，将鲷鱼拆散拌开，撒上
芝麻盐即可。在沪上一家日料店吃过
之后，念念不忘。白胡椒将鲷鱼的鲜
味带出来，芝麻的香和鲷鱼的鲜融合
在每一粒米饭里。清淡而鲜美至极。

鲷鱼焖饭

奈梅亨餐桌
札记 02

煎三文鱼配
烤红皮小土豆
&
帕尔玛干酪配坚果沙拉

＊＊＊

陈轶 / text & photo courtesy

＊＊＊
◀◀◀ TIPS ▶▶▶

❶ 如果没有红皮小土豆，可以用普通土
豆代替，切成小块便于烤熟。小土豆烤
到 15 分钟的时候，用大勺子拌一拌，
让每块土豆均匀拌上橄榄油和调料。

❷ 中高火煎三文鱼会外焦里嫩，但如果
不喜欢里面带一点点生的三文鱼，
可以用中火将其慢慢煎熟。

煎三文鱼配
烤红皮小土豆

------ ------

for
2
persons

◀◀◀ 食材 ▶▶▶

♣ 三文鱼 / 400g

♣ 红皮小土豆 / 15~20 个

♣ 橄榄油 / 适量

♣ 海盐 / 少许

♣ 黑胡椒粉 / 少许

♣ 干迷迭香碎叶 / 少许

♣ 黄油 / 一大块

＊＊＊
◀◀◀ 做法 ▶▶▶

❶ 将洗好的红皮小土豆一分为二切
开，放入烤盘，撒上橄榄油、海盐、黑
胡椒粉、干迷迭香碎叶，
放入烤箱，180℃烤 30 分钟。

❷ 小土豆烤到 20 分钟的时候，可以
准备煎三文鱼。三文鱼洗净，用厨房
纸吸干水分，双面均匀抹少许海盐。
煎锅放入一大块黄油，熔化起泡，
待泡沫消失后放入三文鱼块，中高火，
双面煎至金黄色即可。
煎好的三文鱼装盘后，
再撒点黑胡椒粉。

煎三文鱼配烤红皮小土豆

帕尔玛干酪配坚果沙拉

for
2
persons

◀◀◀ **食材** ▶▶▶

帕尔玛干酪
（Parmesan Cheese）／40g

新鲜核桃／10 个左右

混合沙拉菜叶／100g

橄榄油／适量

葡萄醋／适量

黑胡椒粉／少许

盐／一小撮

糖／一小撮

＊＊＊

◀◀◀ **做法** ▶▶▶

❶ 先将洗好的混合沙拉菜叶放入沙
拉碗里，均匀撒入去壳的新鲜核桃。

❷ 用土豆削皮器将帕尔玛干酪
擦成小薄片，撒入沙拉菜碗里。

❸ 淋一些橄榄油和葡萄醋，加一点胡
椒粉，最后撒一小撮盐和糖，
拌好即可。

＊＊＊

◀◀◀ TIPS ▶▶▶

♣ 如果没有葡萄醋或者水果醋，
可以用柠檬汁或者新鲜柠檬代替。

帕尔玛干酪配坚果沙拉

Column

吉井忍的食桌
03

女儿节
定番的
美丽与哀愁

吉井忍（日）/ text & photo courtesy

⊛ 宫崎骏的吉卜力工作室曾在 2013 年推出一部动画片《辉夜姬物语》，取材自日本最古老的物语作品《竹取物语》。话说很久很久以前，砍竹子的老翁在山里发现了一棵格外漂亮的竹子，并从竹心中找到一个小女孩。女孩在老夫妇的呵护下长成亭亭玉立的美少女，大家都称她为"辉夜姬"。由于芳名远播，贵族子弟甚至皇室都来求婚，但无一例外都被拒绝了。原来，辉夜姬是来自月亮的仙女。某个八月十五的月圆之夜，这位月光美少女作别人间，回到了老家。

⊛ 那么，辉夜姬为什么要回去月宫呢？按照吉卜力版本的说法，辉夜姬曾经是真心喜爱乡村生活的小丫头，整日跟着村里的孩子满山疯跑，为捉到山鸡而兴奋不已。但随着年龄的增长，她看透了人间的尔虞我诈，于是有了重回宁静月宫的念头。

⊛ 从竹子出来的辉夜姬，她的成长异常地快，山里的小孩干脆叫她"筍"（takenoko，竹笋）。在日本，大家一般食用孟宗竹（类似中国的"冬笋"），而且算是春天里的佳肴。而中国常见的细长"春笋"在日本被称为"淡竹"（hachiku），普通超市里不容易找到。

⊛ 记得小时候有几次父亲从附近的山里挖出几棵"冬笋"，为了去除涩味，母亲准备了米糠水，将带壳的冬笋煮了约一小时。为了延长笋的保鲜期，煮的过程中还加了几枚干辣椒。在日语里，冬笋去壳后露出的白嫩外皮被称为"姬皮"，通常做成清汤，取其清鲜。爽脆的笋肉常用来做成"煮物"或拌入散寿司（什锦寿司）。我小时候偏爱荤菜和零食，不怎么懂得享受竹笋的鲜味。但母亲嘱咐说多吃竹笋就能像辉夜姬一样挺拔好看，我也就乖乖听话了。

⊛《辉夜姬物语》中的一个情景让笔者印象深刻。辉夜姬在一场晚宴中看到喝醉的客人刁难竹翁"父亲"，此刻她对尘世极为厌倦，于是用力捏碎手里的贝壳，夺门而出。自古以来，贝壳是日本贵族女孩玩"贝合"（Kaiawase）游戏时的道具。人们在文蛤贝壳内侧用金银粉绘上纹样和诗歌，女孩子们要找到贝壳的另一半。

⊛ 因为蛤蜊都是两片紧紧扣合在一起，而且不同的壳一定无法吻合，所

散寿司与潮汁

以往日本也就成为女性贞洁的象征。
父母也借此寄托对女儿美满婚姻的心
愿。时至今日，每逢三月女儿节，日本
的父母还会为女儿准备色泽明艳的散
寿司和文蛤清汤。女儿的汤碗里会放
上成对的文蛤，而且每扇贝壳上都有
一块贝肉（等于一个文蛤里有双份蛤
肉），真是可怜天下父母心。

❀ 今天介绍的食谱，就是春天的文蛤
清汤和散寿司。散寿司的做法笔者
在《四季便当》里有过介绍，为了增

添些初春的味道，这次加了和
烧竹笋。文蛤清汤算是"潮汁"（
jiru）的一种，与用昆布和柴鱼
作的"出汁"高汤不同，"潮汁"
说是继承了渔人料理的风格，单
鲜的鲜味而不加柴鱼片。虽说"
可以加入鲷鱼、蚬等各种海鲜，
儿节的"定番"（经典搭配）—
散寿司加文蛤清汤。文蛤汤的
比味噌汤更简单，材料也不算
大家不妨试一试。

潮汁

for 3~4 persons, 20 mins

◀◀◀ **食材** ▶▶▶

❖ 文蛤／6~8 个

❖ 昆布（海带）／一小片（约 10 厘米方块）

❖ 盐／适量

❖ 料酒（可用黄酒）／1~2 汤匙

＊＊＊

◀◀◀ **制作步骤** ▶▶▶

❶ 处理文蛤
备大碗，加清水并加 1.5%~2% 食盐。
等文蛤放入盐水中让它们吐出泥沙，
之后用刷子清理。

❷ 加热
将昆布、文蛤和水同时放入锅里，文火慢煮。
火候控制在 5~6 分钟后煮沸的程度，以便充
分释出蛤和昆布里的鲜味。等文蛤张开，
将文蛤和昆布取出并放入小碗里备用。

❸ 调味
去除浮沫，加入料酒。
按个人口味加盐调味后盛入碗中。
可加水煮后的芥菜花点缀，
以增加季节感。

◀◀◀ TIPS ▶▶▶

❖ 文蛤煮太久会变硬，张开后取出为佳。另，文蛤本身有些咸味，加盐须适中。

Column
食不言，饭后语
03
酒精度数

老波头 / text
Dma / illustration

✳ 喝酒之人都知道酒精度数这个概念，但那到底是怎么回事呢？

✳ 查阅资料，酒精度数，又称欧式百分比法，表示20℃时酒中含酒精的体积百分比，比如50度的酒，即说明20℃时，100ml的酒中含酒精50ml。在酒瓶上常见的就是这种标法了，通常"%"后还跟一个"Vol"，一目了然，大家都看得懂。到北美地区则不同了，他们习惯用美制酒度（Degrees of Proof US）代替，单位为酒精纯度（Proof），1个酒精纯度相当于0.5%的酒精含量。也就是说，同样的数字，美制的酒精含量实际只有欧式的一半。

✳ 所有的酒类之中，大概啤酒的度数最低了。有些人搞不清楚，看见啤酒瓶上有一栏写着"10%"或者"12%"，就吓唬自己，"也有十几度呀"。其实那只是啤酒的生产原料——麦芽汁的浓度罢了，只代表糖类的多少。不过麦芽汁浓度和酒精度成正比，同时也体现在酒色上。国产啤酒以淡色为主，低起来2%出头，名副其实的水酒一杯，稍

浓一些的，也超不过3.8%。德国人的黑啤，可达5%，比利时苦行僧们酿的最厉害的，亦不过8%而已。

✳ 已变成半个酒鬼的我们觉得，8%没什么了不起，但不善饮的朋友一杯下肚，照样醉倒。但是以我的观察，装醉的居多。

✳ 喝啤酒的话得拼命上厕所，而且还会凸起一个啤酒肚，又不代表腹内墨水，实在不好看。红白餐酒十四五度，饮起来文雅，当然不是前几年流行的掺雪碧的喝法，更非那种应酬局上你灌我、我灌你的牛饮。

✳ 红白餐酒、中国的黄酒、日本的清酒度数相仿，好的酒容易入喉，喝起来一杯接一杯，好像千杯不醉似的，但是后劲很足，非得醉过一次才知高低。

✳ 再往上就是蒸馏酒了，韩国和日本的烧酒，蒸来蒸去，也超不过30度。这类度数说高不高，说低不低，最为娘娘腔。我们印象中看日韩的节目，那些家伙一喝十多杯，让人以为酒量惊人，天知道他们加了多少冰和水。

✳ 二三十度的酒，只有百利之流那种甜酒，才要加水或者乌龙茶，倒不是怕醉，就这么直接喝腻死人也。

✳ 威士忌和白兰地的度数更高，但怎么也比不过我们的白酒。五粮液和茅台动不动就是五十多度，北京二锅头可达60度，只有俄罗斯伏特加才能媲美。一向认为国产白酒勾兑太多，连茅台也不能免俗，故不喜。但是喝过山东的琅琊台原酒后，对白酒的偏见有所改观。此酒有71度之高，反而比四五十度的那些容易接受。

✳ 近来又试过一种葛根酿的高度酒，称为东君御露，81度，相当于八成的酒精兑上二成的水，听起来恐怖之极。奇怪的是，喝后两颊生津，口气清新，完全不像一般的白酒有股谓之酱香的臭气，口干得不得了。大概是原料上的区别吧。

✳ 说什么都好，真正的酒客不会理会酒精度数，管他妈的什么酒，能和好友共饮的就是好酒。

Column

鲜能知味
02

虽然寒酸，可真好吃

张佳玮 / text
大黄 / illustration

⊛ 土豆切了片，略煎过出了淀粉香，泛褐金色，便撒咖喱粉，扑扑簌簌；不待咖喱粉热起来，下了水，慢慢炖一个下午，闻着咖喱香味，中间高兴了，切一些洋葱或胡萝卜块儿下去；咖喱粉融的酱，混着炖得半融的土豆淀粉，会发出一种"扑扑波波"的响声，比普通水煮声钝得多。这简直就是提醒你：我们这汁可浓啦，味可厚啦，一定会挂碗黏筷，你可要小心哪。到黄昏，你煮一锅白米饭，将咖喱浇上：郁郁菲菲，一片金黄，香气流溢，仿佛香料之泥。开始吃，咖喱不宜太多，不然米饭就全没味了。吃完了，喝一口绿茶，一口气喘出来都带着阳光。

⊛ 但还没完呢。剩下的咖喱，搁进冰箱里。第二天中午，一碗热米饭，扣上冷凝的咖喱，浓香滑凉，吃一口，会让你香得脊背一缩。这种吃法太家常，显得寒酸，但不妨碍其好吃。

⊛ 瑞士著名的奶酪锅，酥软醇浓不提；干酪冷却之后，脆结锅底的那层，瑞士人叫作 religieuse——法语"修女"之意。为何叫这个？不知道。但是这层酪干可以放在冰箱里冻着。冻实了，口感有些像冻实的三文鱼肚腩肉。放一星期，也不会坏，可以切了片，当零食下酒。如果那干酪锅蘸过瑞士火腿，那这一层味道就更妙了，还会有肉的咸鲜味；配阿尔萨斯的白葡萄酒，绝妙之极。

⊛ 以前冬天下雪时，亲戚从北方来，走亲访友，与父亲说当年事宜，大笑饮酒，热黄冷白，嚼花生和牛肉，最后还教我们做虎皮冻。曰：猪皮，也可以夹杂一点儿猪肉，下锅煮到稀烂，然后下一点儿盐，喜欢的，搅和点儿豌豆、胡萝卜丁、笋碎儿，也可以径直把煮烂的猪皮肉，调好了味，加一点儿湿淀粉，搁冰箱里。冻得了，取出来切块或切丝，凝冻晶莹，口感柔润。猪皮凉滑，偶尔夹杂的猪肉碎亦很可口，配着酒，特别香。可以蘸醋，可以蘸麻油，冻得越久越好吃。

⊛ 我们则说，不用虎皮冻。把吃剩了的红烧鱼，拿掉骨头，将肉刮碎散在汤里，放进冰箱里去放着。次日早上，端出盘子来，鱼汤已经冻住，凝结如脂膏，状若布丁，下面暗藏无数碎鱼肉丁末。滑而且鲜，用来下粥下酒都好。

⊛ 白煮海鱼，如三文鱼、鲽鱼、鲣鱼时，都是下一点盐，留一点鱼汤。肥的三文鱼用盐腌过，略煎一煎，滚在汤里，再撒萝卜泥熬得的热汤，配米饭很好；如果冻了，会有乳白泛金的鱼冻，很好看，也好吃，比红烧鱼汤的汤冻，又要清爽许多——端出来给客人吃有些不好意思，自己吃，大快朵颐。

⊛ 过年了，爸妈在厨房忙一天，备一桌年夜饭吃完，就懒得再动手。春节假期前几天，都在走亲访友间度过，吃得脑满肠肥、满脸上火，回家也懒得动碗筷。这时就将年夜饭没吃完的剩菜，按红白分了杂烩出来做下饭菜，香美无比。本地没有固定名称，一般叫作杂烩；北方评书里常见，比如英雄好汉雪夜叩门求宿，老爷爷老奶奶下厨如此一烩来应付，叫作"折箩"。有一年，我家年夜饭吃完一份红烧栗子鸡，还剩份鸡汁和一点栗子放冰箱；年初一，我爸实在不想出门买菜，就鸡汁下了两个荷包蛋，栗子磨粉裹了年糕炸了一炸，其香扑鼻，着实美味。又一年，因是去乡下吃年夜饭，家里并没储粮，于是我妈动了鱼的主意——过年时爸单位发了条大号青鱼，取年年有余之意。于是我妈想法子了，鱼身腌了做咸鱼，鱼骨和鱼头略煎，然后熬汤下豆腐和鸡蛋，俨然一大锅。鱼尾、鱼鳍极肥厚，涮下许多鱼胶，配鱼头汤做山寨鱼翅捞饭。客人来了，也端出来吃。我妈不止一次说："吃这个嘛，好吃归好吃，就是委屈你了。"但顿一顿后，她又对我说："但反正是自家人嘛，就不怕了。"

⊛ 荷兰是欧洲北海岸，出名的多云多雨。阿姆斯特丹冬日天气尤其反复无常，本地人处之泰然，人人戴帽子，轻易不撑伞，见了坏天气，就去吃薯条。阿姆斯特丹似乎有两家薯条在打对台：一家叫 Vlaamse，一家 Manneken Pis 专门挂个牌子跟他们唱对台戏："我们专门针对Vlaamse。"论味道，反正都是烫脆粗热，很豪迈。然而在阴雨连绵的黄昏，在屋檐下看着整个阿姆斯特丹连运河到栅栏都是灰色，吃着金黄烫嘴的薯条，挺幸福。在我身旁的朋友却奇怪得很：他吃薯条，净是找纸盒旮旯里的。我问他为何，他振振有词："盒子角里的薯条，个儿都小，都脆，你看，炸得发黑——可好吃、可有嚼劲了！"说着，嘴里嚼出咔嚓咔嚓声来。

◉ 食帖零售名录 ◉

网站
亚马逊
当当
京东
中信出版社淘宝旗舰店

北京
西单图书大厦
王府井书店
中关村图书大厦
亚运村图书大厦
三联书店
Page One 书店
万圣书园
库布里克书店
时尚廊书店
单向街书店
7-Eleven 便利店

上海
上海书城福州路店
上海书城五角场店
上海书城东方店
上海书城长宁店
上海新华连锁书店港汇店
季风书园上海图书馆店
"物心"K11 店（新天地店）

广州
广州购书中心
新华书店北京路店
广东学而优书店
广州方所书店
广东联合书店

深圳
深圳中心书城
深圳罗湖书城
深圳南山书城
深圳西西弗书店

南京
南京市新华书店
凤凰国际书城
南京大众书局
南京先锋书店

天津
天津图书大厦

郑州
郑州市新华书店
郑州市图书城五环书店
郑州市英典文化书社
生活·读书·新知三联书店
郑州分销店

浙江
博库书城有限公司
博库网络有限公司电商
庆春路购书中心
解放路购书中心
杭州晓风书屋
宁波市新华书店

山东
青岛书城
济南泉城新华书店

山西
山西尔雅书店
山西新华现代连锁有限公司
图书大厦

湖北
武汉光谷书城
文华书城汉街店

湖南
长沙弘道书店

安徽
安徽图书城

江西
南昌青苑书店

福建
福州安泰书城
厦门外图书城

广西
南宁书城新华大厦
南宁新华书店五象书城
南宁西西弗书店

云贵川渝
贵州西西弗书店
重庆西西弗书店
成都西西弗书店
文轩成都购书中心
文轩西南书城
重庆书城
新华文轩网络书店
重庆精典书店
云南新华大厦
云南昆明书城
云南昆明新知图书百汇店

东北地区
新华书店北方图书城
大连市新华购书中心
沈阳市新华购书中心
长春市联合图书城
长春市学人书店
长春市新华书店
黑龙江省新华书城
哈尔滨学府书店
哈尔滨中央书店

西北地区
甘肃兰州新华书店西北书城
甘肃兰州纸中城邦书城
宁夏银川市新华书店
新疆乌鲁木齐新华书店
新疆新华书店国际图书城

机场书店
北京首都国际机场 T3 航站楼
中信书店
杭州萧山国际机场
中信书店
福州长乐国际机场
中信书店
西安咸阳国际机场 T1 航站楼
中信书店
福建厦门高崎国际机场
中信书店